学研の中学生の理科

自由研究

差がつく編

レポートの
実例＆
テンプレートつき

ダウンロードして使える

監修
尾嶋好美

Gakken

この本の使い方

かかる時間と難しさ
テーマ選びや計画を立てる
ときの参考になります。

実験の方法
実験する手順がイラストなどで
ていねいにかいてあります。

レポートの実例
レポートのまとめ方の例です。結果は参考
として、自分の実験結果を書きましょう。

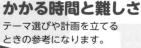

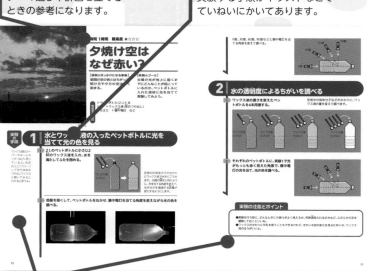
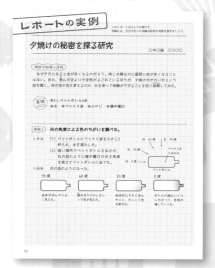

実験のポイントや注意などのアドバイス
実験成功のコツや実験上の注意点です。 ⚠ マークは危険に関する注意ですから、必ず守ってください。

サイエンスセミナー
研究に関連した内
容のコーナーです。
テーマの理解を助
け、知識を深める
ことができます。

発展研究
本テーマをさらに
発展させた研究で
す。自分らしい研
究に挑戦しましょ
う。

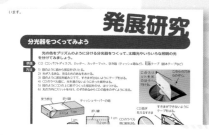

身近な道具の使い方の例
自由研究には、料理用品が大活躍。おうちの方に断ってから上手に使いましょう。

ストローの利用
スポイトがないときの代用に。

液につけて
指でふさぐ。

加えるところで
指をはなす。

計量スプーンの利用
体積をはかるだけでなく、
およその重さをはかりとる目安になります。

計量スプーン 1杯分の体積

大さじ	15 mL
小さじ	5 mL

1 mL ＝ 1 ccです。

計量スプーン すり切り1杯分の重さ

	大さじ	小さじ
水	15 g	5 g
食塩	15 g	5 g
砂糖	9 g	3 g

ぴったり分野診断

研究テーマがどうしても決まらない！
——そんなあなたは、下の「研究テーマ診断」を試してみてください。
質問に「はい」か「いいえ」で答えるだけで、
あなたにぴったりな研究分野が見つかります。

もくじから
このマークの実験を
えらぼう！

あなたに
ぴったりな
研究分野は
これ！

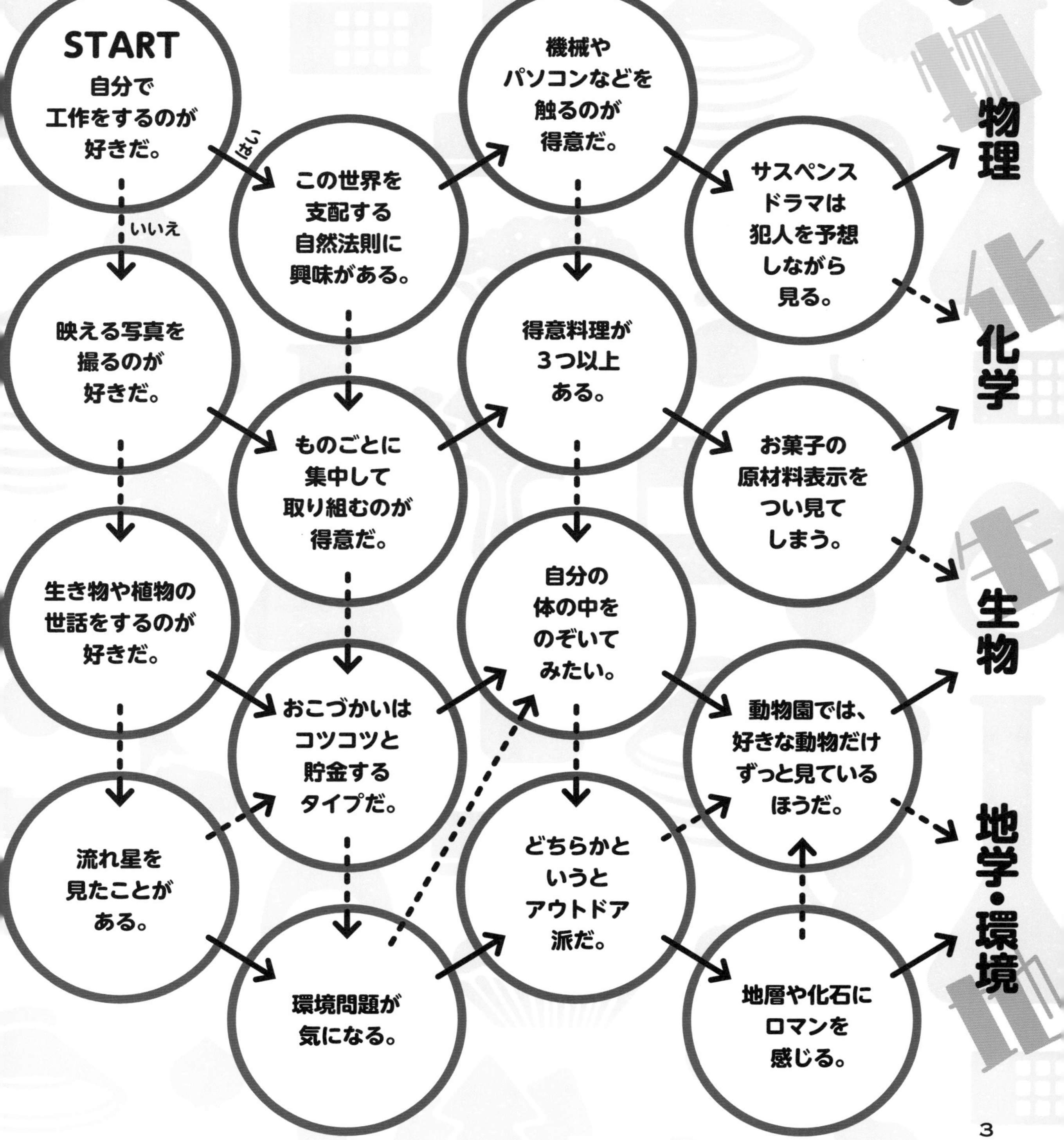

START
自分で
工作をするのが
好きだ。

はい

いいえ

機械や
パソコンなどを
触るのが
得意だ。

この世界を
支配する
自然法則に
興味がある。

サスペンス
ドラマは
犯人を予想
しながら
見る。

物理

映える写真を
撮るのが
好きだ。

得意料理が
3つ以上
ある。

化学

ものごとに
集中して
取り組むのが
得意だ。

お菓子の
原材料表示を
つい見て
しまう。

生き物や植物の
世話をするのが
好きだ。

自分の
体の中を
のぞいて
みたい。

生物

おこづかいは
コツコツと
貯金する
タイプだ。

動物園では、
好きな動物だけ
ずっと見ている
ほうだ。

流れ星を
見たことが
ある。

どちらかと
いうと
アウトドア
派だ。

地学・環境

環境問題が
気になる。

地層や化石に
ロマンを
感じる。

3

もくじ

自由研究セミナー

「自由研究」とは「疑問に思ったことを、実験や観察などを通して明らかにし、ほかの人に伝えること」です。でも、自由研究をどのように進めていけばよいか、わからないことも多いですね。一つ一つ、具体的に見ていきましょう！

自由研究の進め方

1 テーマを決める
実験の計画 → 準備 → 実験観察 → 結果と考察
2 研究を進める
3 レポートにまとめる

1 テーマを決める

自分なりの疑問を
テーマにしよう

　「自由研究」で、一番大変なのは「テーマを決める」ことかもしれません。

　まずは、日常生活の中で、不思議に思ったことや興味を持ったことからテーマを探してみましょう。でも、どうしても決まらないということもありますね。

　そういう時には本書のような実験本や教科書を見て、「面白そうだな」と思うことを、まずは実際にやってみましょう。すると、「この材料ではなく違う材料だったらどうなるのかな？」「温度を変えるとどうなるのかな？」などと自分なりの疑問が出てくると思います。

　それをテーマにしてみましょう。

夕焼けが赤いのはなぜ？

研究の目的を決めよう

　テーマが決まったら、まずは仮説を立てましょう。
「〜であれば、〜なのではないだろうか」と、「あっているかどうかは今はわからないけど、自分ではこうだ思う」ということを「仮説」といいます。

　例えば、「10円玉は酢のようにすっぱいものをかけるときれいになるのではないだろうか？」「ペットボトルに水とワックスを入れて、ライトを当てると夕日のように見える。ワックスのように乳化しているものであれば、同じことがおこるのではないだろうか？」などが仮説になります。

　仮説があっているのかどうかを調べることが「研究の目的」になります。

テーマが決まったら、
効率よく研究を進めるために、
具体的な研究計画を立てましょう。

実験計画を立てよう

テーマと研究の目的が決まったら、実験計画を立てます。

研究で大切なのは「再現性」です。「同じ実験をもう一回やったときに同じような結果になる」「他の人がやっても同じような結果になる」というように、一度だけでなく再現できることが必要なのです。いきあたりばったりに進めても研究はうまくいきません。

また、失敗してやり直す場合や材料などを準備する時間も考えて、余裕を持ったスケジュールにしましょう。

材料や器具の準備

理科の授業の実験では、ビーカーなどの実験器具を使いますが、自由研究では同じものをそろえる必要はありません。なるべく身近にあるものを工夫して代用しましょう。

材料などをインターネットで購入する場合は、家の人に相談しましょう。

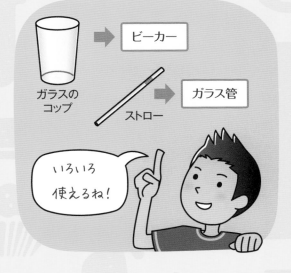

2

実験・観察

　再現性のある研究を行うためには、実験に使う材料の量や使用する器具、加熱する時間等を詳細にメモしておく必要があります。
写真もたくさん撮っておくとよいでしょう。

　最初に立てた実験計画でうまくいく場合もありますが、多くの場合は、調整が必要になります。

　条件を変えて比較する実験では、比べるもの以外の条件は同じになるように注意しましょう。

　実験や観察で得られる結果は、いろいろな条件によって変わってしまうことがあるので、日時、天候、気温などを記録します。
また、実験中に気づいたことを記録したり、写真を撮ったりしておくと考察するときに役立ちます。
そして、予想通りの結果が得られなくても、そのままのデータを記録します。
なぜそのようなデータが出たのかを考えると、新たな発見があるかもしれません。

　一回だけの実験結果だと「たまたまそうなった」という可能性がありますね。そのため実験を数回くり返して行うことも大切です。

写真を撮っておこう。

結果と考察

　結果とは、実験をしてわかった「事実」です。考察とは、「なぜそのような結果になったかということを、教科書や書籍などをもとにして、自分なりに考えること」です。

　専門家が見ると、もしかすると間違った「考察」かもしれませんが、自分で考えることが一番大切です。

失敗？

予想とちがう！

考察に入れよう！

3 レポートにまとめる

研究が終わったらレポートを書きましょう。
ほかの人にわかりやすく正確に伝えることが
レポートの目的です。
次のようなポイントをおさえてレポートを完成させましょう。

必要なことを順序よくまとめよう

レポートの内容は、次のような順序でまとめましょう。

①テーマ名（学年、組、名前を入れる）
②研究の動機と目的　　③準備した材料や器具　　④研究の方法
⑤実験・観察の結果（複数の実験の場合は結果のまとめも入れる）
⑥考察（そのような結果になった理由を自分なりに書く）　　⑦参考文献

見やすい工夫をしよう

長い文を並べるよりも箇条書きで簡潔にまとめると読みやすくなります。実験・観察の方法や結果には図や写真を入れるとわかりやすくなります。
また、結果は表やグラフにまとめると変化のちがいがひとめでわかるようになります。
研究によっては、実験で使用した布や紙などのレポートをつけると迫力のあるレポートになります。

レポートのまとめ方の例

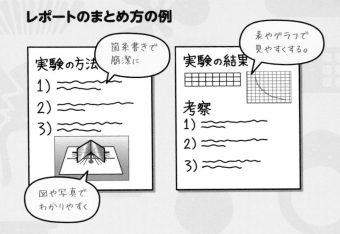

参考文献を調べよう

実験テーマや実験方法を決めるとき、そして考察するときには何かを参考にすると思います。本書のような実験本のほか、理科の教科書などが参考になりますね。またインターネットから情報を得る人も多いでしょう。
ただし、インターネットには誤った情報も多くあります。できるだけ、国の研究機関等のウェブサイトを参考にしましょう。参考にしたものについては本などの場合は書名・著者名・出版社名を書き、ウェブサイトについてはURLを明記します。

発表のしかた

発表をする場合は、模造紙やコンピュータなどを利用し、結果や結論がひとめでわかるようにしましょう。また、実際に研究でつくったものや写真を見せたり、実演実験を行ったりすると印象に残る発表になります。個性的な発表になるように工夫しましょう。発表のあとは、先生や友達の意見を聞いて、研究テーマに関する考えをより深めましょう。

©kin's

夕焼け空は なぜ赤い?

【研究のきっかけになる事象】
昼間の空の色とはちがって、明け方や夕方の空は赤く染まる。

【実験のゴール】
太陽の光が地上に届くまでにどんなことが起こっているのか、ペットボトルに入れた液体に光を当てて実験してみよう。

用意するもの

▶ ペットボトル(2 L)4 本
▶ 水　▶ ワックス液(床のつや出し)
▶ 小さじ　▶ 懐中電灯　など

実験の手順

1 水とワックス液の入ったペットボトルに光を当てて光の色を見る

ワックス液はスーパーやホームセンターなどで売っているよ。お店の人に「フローリング用で液体のつや出しワックス」と聞いてみるとわかると思うよ。

1 2 Lのペットボトルに小さじ2杯のワックス液を入れ、水を満たしてふたを閉める。

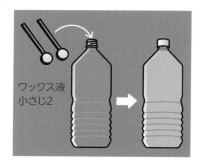

ワックス液
小さじ2

空気中の気体分子のかわりにワックス液で水をにごらせます。太陽の傾きと同じように、光を当てる角度を変えて、光が水中を通過する距離が変化するようにします。

2 部屋を暗くして、ペットボトルをねかせ、懐中電灯の光を当てる角度を変えながら光の色を調べる。

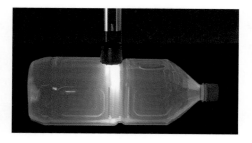 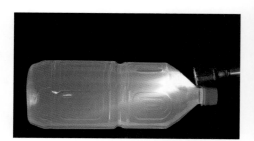

0度、30度、60度、90度などと懐中電灯の光を当てる角度を変えて調べる。

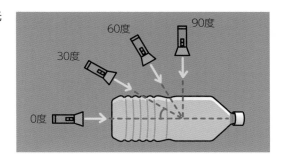

2 | 水の透明度によるちがいを調べる

1 ワックス液の濃さを変えたペットボトルを4本用意する。

空気中の気体分子などのかわりに、ワックス液の量を変えて調べます。

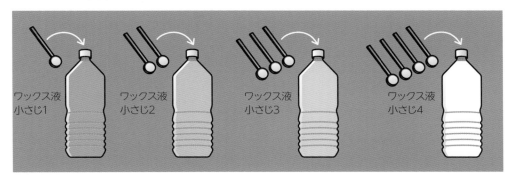

ワックス液
小さじ1

ワックス液
小さじ2

ワックス液
小さじ3

ワックス液
小さじ4

2 それぞれのペットボトルに、実験1で光がもっとも赤く見えた角度で、懐中電灯の光を当て、光の色を調べる。

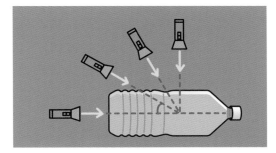

実験の注意とポイント

● 実験を行う前に、どんなときに夕焼けがよく見えるか、何時頃見られるのかなど、ふだんから空を観察しておくといいね。
● ワックス液のかわりに牛乳を使うこともできるけれど、きれいな色の変化を見るためには、ワックス液のほうがいいよ。

レポートの実例

このレポートはひとつの例です。
実際には、自分で行った実験の結果や考察を書きましょう。

夕焼けの秘密を探る研究

〇年〇組　〇〇〇〇

研究の動機と目的

　なぜ夕方になると空が赤くなるのだろう。同じ太陽なのに昼間に空が赤くなることはない。また、澄んだ空よりも空気がよごれているほうが、夕焼けがきれいだという話も聞く。何が空の色を変えるのか、水を使って実験ができることを知り挑戦してみた。

準備したもの

※2Lペットボトル4本
※水　※ワックス液　※小さじ　※懐中電灯

実験1　光の角度による色のちがいを調べた。

> **方法**　（1）ペットボトルにワックス液を小さじ2杯入れ、水を満たした。
> （2）暗い場所でペットボトルをねかせ、右の図のように懐中電灯の光を角度を変えてペットボトルに当てた。

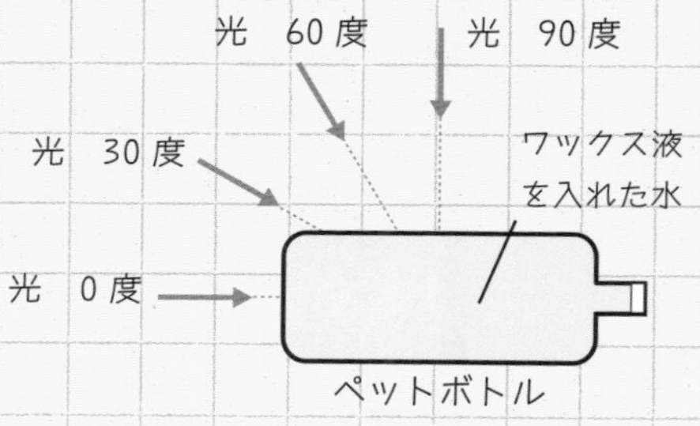

光　60度　　光　90度
光　30度
ワックス液を入れた水
光　0度
ペットボトル

> **結果**　次の図のようになった。

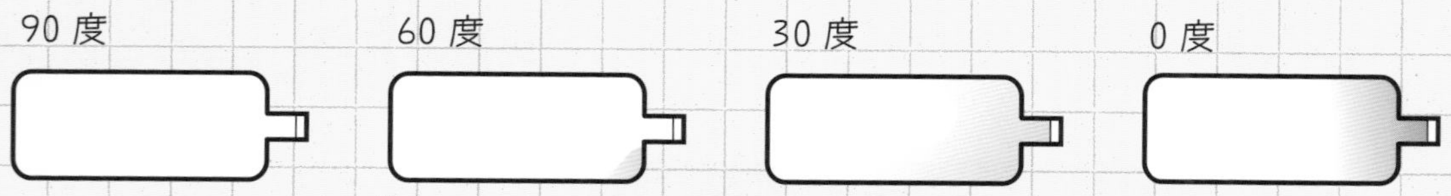

90度	60度	30度	0度
全体がぼんやり白く見えた。	端のほうに少しオレンジ色が見えた。	全体的にうすくぼんやりと、オレンジ色を帯びた。	ボトルの端にいくにしたがって、赤味が増していった。

| 実験2 | **水(空気)のにごり方による色のちがいを調べた** |

> 方法　(1) ワックス液の濃さを、小さじ1杯、2杯、3杯、4杯の4種類にした4本のペットボトルを用意した。
>
> 　　　(2) 4本のペットボトルそれぞれに、実験1で光を当てたときにもっとも赤味が濃かった、0度の角度で光を当てた。

> 結果　　次の図のような結果となった。

ワックス液
小さじ1杯

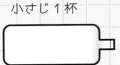

端<small>はし</small>のほうにうっすらと、オレンジ色が見えた。

ワックス液
小さじ2杯

透明感<small>とうめい</small>と輝<small>かがや</small>きのある赤味が見られた。オレンジ色が見えた。

ワックス液
小さじ3杯

赤い色の広がりが大きくなったが、赤味に輝きはなかった。

ワックス液
小さじ4杯

全体的にどんよりとした赤味が広がった。

- -

（まとめと考察）

(1) 実験1の結果、真横（0度）から光を当てたときにもっとも赤くなった。しかもこのとき、光源から遠いところほど、赤味が強かった。このことから、光が液体の中を長く通るほど赤い色が現れるといってよいと思う。

(2) 実験2の結果、ワックス液を多く入れたにごりの濃いペットボトルほど全体に赤味が強くなった。インターネットで調べてみると（※）、光は空気の分子などの小さな物質にぶつかると散らばる性質があるという。このとき、青より赤の光のほうが残りやすいので、赤く見えるようだ。

※実際にレポートを書くときは、参考にしたサイトのURLを記しましょう。

サイエンスセミナー

乳化という現象

水にワックス液や牛乳を入れると、白くにごります。このとき、ワックスの油が小さな粒となって、水中に均一に散らばります。

このような状態になることを「乳化」といいます。この実験では、ワックスを水に入れて乳化させることで、空気中に気体分子があるのと同じような状態をつくっています。

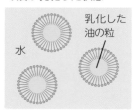

牛乳などのように、水の中で油が乳化した状態

乳化した油の粒

水

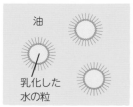

バターなどのように、油の中で水が乳化した状態

油

乳化した水の粒

乳化剤 — 水と結びつく部分
— 油と結びつく部分

光の色と屈折

光をプリズムに通すと、虹のような光が現れます。太陽の光にはさまざまな色の光がふくまれています。色によってプリズムを通るときの曲がり方（屈折率）がちがうので、色が分かれて虹色に見えるのです。

さまざまな色の光の中で青い光は空気中で散らばりやすい性質があります。光が空気中を通る距離が長い場合は、青い光が散らばってしまい、散らばりにくい赤い光が届きます。朝や夕方は太陽が低いために、太陽の光が空気の層の中を通る距離が長くなります。そのため、夕焼けや朝焼けが起こるというわけです。

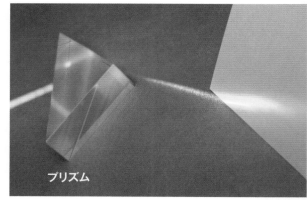

プリズム

©OPO

虹が見えるとき

虹は、雨の水滴などがプリズムの役目をして太陽光を屈折させることで見えるものです。虹が出るのはおもに朝方か夕方の太陽が低いときです。にわか雨の前後に、太陽が照ってきたら、太陽を背にして前方を見ると

見つけられることがよくあります。ただし、太陽と見る人の関係が右の図のようになっているときにしか、虹は見えません。

晴れた日にスプレーなどで霧をふいて試してみると、太陽の高さと見る人の位置の関係がよくわかります。

気象条件によっては、虹が内側と外側に2本重なって見えることがあります。このとき、外側に見える虹を「副虹」といいます。空を観察するといろいろな発見があります。どのような現象がどのような条件のときに起こるのか、考えてみましょう。

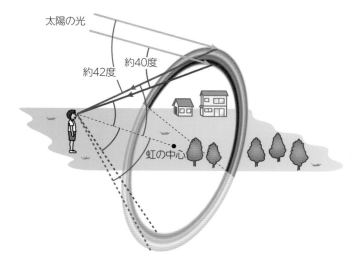

太陽の光
約40度
約42度
虹の中心

分光した光

　太陽の光をプリズムで屈折させるときれいな虹色のグラデーションになって現れます。このように、光をいろいろな色に分けることを「分光」といいます。蛍光灯の光を分光させると、下の写真のように、はっきりした赤・緑・青の帯が強く光って見えます。これに対して、白熱電球やクリプトン球では、太陽光のように徐々に色が変化します。

　このように、光を放つものによって分光のパターンがちがいます。逆に言うと、分光のパターンをくわしく調べるとその光を放ったものがどのような物質か、また周囲にどんな元素があるのかがわかるのです。

　1850年代にロシアのグスタフ・キルヒホフとドイツのローベルト・ブンゼンの2人の科学者は、プリズムで分光した太陽光を観察し、この線を分析することで遠く離れた太陽の大気の成分をつきとめています。

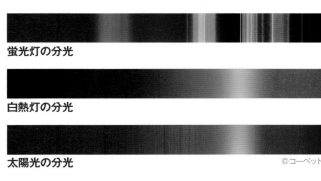

蛍光灯の分光

白熱灯の分光

太陽光の分光　　©コーベット

発展研究

分光器をつくってみよう

　光の色をプリズムのように分ける分光器をつくって、太陽光やいろいろな照明の光を分けてみましょう。

準備　CD（コンパクトディスク）、カッター、カッターマット、空き箱（ティッシュ箱など）、粘着テープ（製本テープなど）

方法
1) 図のように箱から部品を切りとる。
2) 光が入るあな、見るためのあなをあける。
3) 図のように部品を組み立てて、すきまが出ないようにテープをはる。
4) CDのラベル面に、光を通さないように余った紙をはる。
5) 図のようにCDの上に箱でつくった部品をのせ、はりつける。
6) 光の方向にスリットを向け、のぞきあなからCDの面をのぞくように見る。

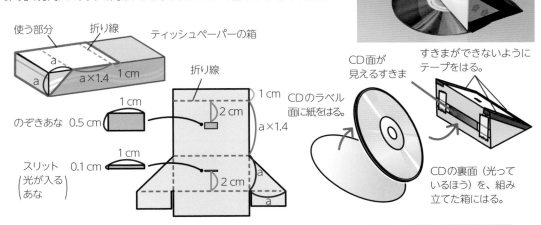

ワンポイント！
- 組み立て部分にすきまができないようにする。製本テープが使いやすいが、ないときは黒い紙などでのりづけしてもよい。
- よく見えないときは、のぞきあなに目を近づけすぎないようにして見てみる。

⚠注意　手を切らないようにしよう。

平行に見えない平行線の研究

【研究のきっかけになる事象】
ものを目で見たとき、形や色などが実際とは異なって見えることがある。これを「錯視」という。

【実験のゴール】
錯視はどのような条件で起こるのか、形がシンプルな「ツェルナー錯視」というもので調べてみよう。

用意するもの
▶ 画用紙（B5程度の大きさ）
▶ 定規　▶ 分度器　▶ 三角定規2枚
▶ 黒いインクで、1〜2mmほどの太さの線が書けるペン
▶ 鉛筆　▶ 消しゴム

実験の手順

1 ┃ 錯視が起こることを確認する

上の写真はツェルナー錯視を斜め上から撮ったものだよ。

1 基準になる錯視図形をかいてみる。

横線	①長さ　10cm	斜め線	①長さ　　1cm
	②間かく　1cm		②間かく　1cm
	③本数　　3本		③角度　45度

を基準とする。

横線も斜め線もそれぞれ平行にかく。

間かく　1cm
斜め線
45度
間かく 1cm
横線 3本
1cm
10cm

錯視の見え方には個人差があるし、体調や部屋の明るさなどの条件でも、ちがって見える場合があるよ。複数人に見てもらうとより再現性のある実験になるよ。

2 つくった図形をながめて、錯視に影響していると思われる要素を書き出してみる。

今回は、横線の間かくと、斜め線の角度と間かくについて、実験してみよう！

横線…①長さ　②間かくの広さ　③本数
斜め線…①長さ　②間かくの広さ　③角度

2 基準の図形をもとに、斜め線の角度を変える

1 60度、45度、30度、15度でつくり、どれがもっとも傾いて見えるかを調べる。

この角度を変えるよ。

60度▶

30度▶

45度▶

15度▶

3 2でもっとも錯視が起こった図形をもとに、斜め線の間かくを変える

1 0.5cm、1cm、1.5cm、2cm で作り、どれがもっとも傾いて見えるかを調べる。

この間かくを変えるよ。

0.5cm▶

1.5cm▶

1cm▶

2cm▶

4 3でもっとも錯視が起こった図形をもとに、横線の間かくを変える

1 0.5cm、1cm、1.5cm、2cm でつくり、どれがもっとも傾いて見えるかを調べる。

0.5cm▶

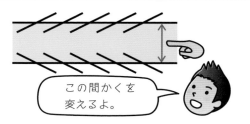

この間かくを変えるよ。

1cm▶

1.5cm、2cm の間かくのものもかいて比べる。

平行に見えない平行線の研究

〇年〇組　〇〇〇〇

研究の動機と目的

　夏休みに、博物館でやっていたトリックアートの展示を見に行ったら、何度か見たことのある平行な線なのに傾いて見える錯視があった。ツェルナー錯視というらしい。シンプルな線だけなのに傾いて見えるので、自分でもつくれると思い、できるだけ大きな錯視が起こる条件を探してみることにした。

準備したもの

＊画用紙（Ｂ５程度の大きさ）　　＊定規　　＊分度器
＊ペン（黒いインクで、やや太めの線が書けるもの）

- -

実験1　　**自分でかいたツェルナー錯視で錯視が起こるのか調べた。**

＞方法　　（1）次のように条件を決めて、ツェルナー錯視の線をかいた。

横　線　・長　さ：10 cm
　　　　・間かく：1 cm
　　　　・本　数：3本
斜め線　・長　さ：1 cm
　　　　・間かく：1 cm
　　　　・角　度：45度

> ツェルナー錯視とは、ドイツの天体物理学者カール・フリードリッヒ・ツェルナーによって19世紀に発見された古典的な錯視です。

（2）50 cmの距離から見て、
　　錯視が起こるか確かめた。

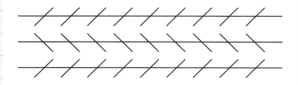

＞結果　　（1）錯視によって、3本の平行な線が下の表のように、交互に傾いて見えた。

上の線	まん中の線	下の線
下の線と平行	右上がり	上の線と平行

（2）斜め線の傾きと逆に傾いて見えた。
　　ただし、思ったほど傾きが大きくなかったので、次から条件を変えて実験した。

実験1でかいた線をもとに、斜め線の角度を変えて調べた。

＞方法　60度、45度、30度、15度でつくり、どれがもっとも傾いて見えるかを調べた。

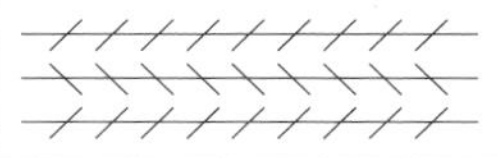

▲60度　　▼45度　　▲30度　　▼15度

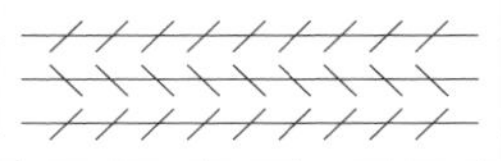

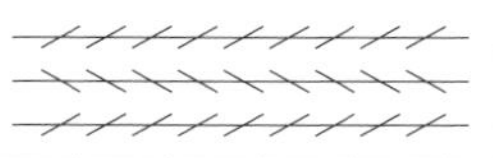

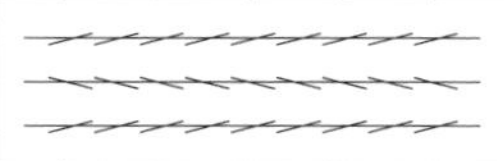

＞結果

60度	45度	30度	15度
ほとんど傾きなし	傾いて見えた	傾きが大きく見えた	ほとんど傾きなし

実験3　**斜め線の間かくを変えて調べた。**

＞方法　実験2でもっとも錯視の大きかったものをもとに、斜め線の間かくを0.5 cm、
1 cm、1.5 cm、2 cmと変えてつくり、どれがもっとも傾いて見えるかを調べた。

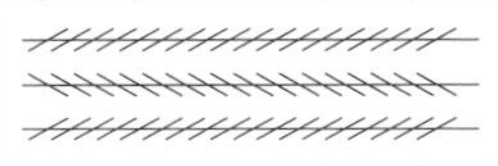

▲0.5 cm　　▼1 cm　　▲1.5 cm　　▼2 cm

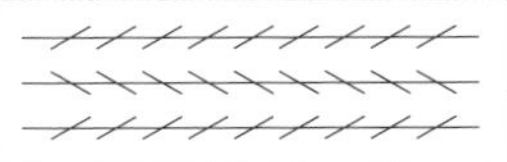

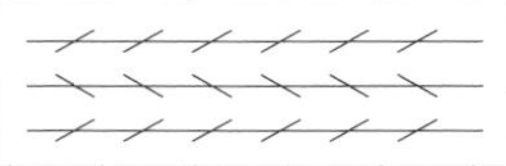

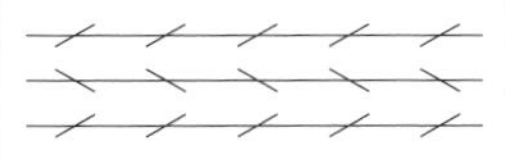

＞結果

0.5 cm	1 cm	1.5 cm	2 cm
傾きが大きく見えた	傾いて見えた	傾きが小さく見えた	傾きが小さく見えた

実験4　**横線の間かくを変えて調べた。**

＞方法　実験3でもっとも錯視の大きかったものをもとに、横線の間かくを0.5 cm、
1 cm、1.5 cm、2 cmと変えてつくり、どれがもっとも傾いて見えるかを調べた。

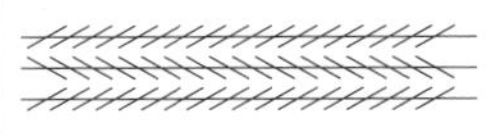

▲0.5 cm 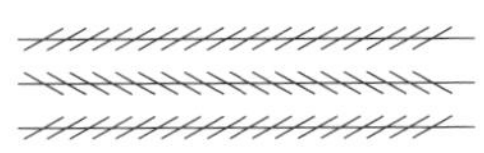　　▲1 cm 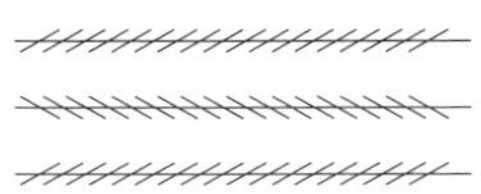　　▲1.5 cm 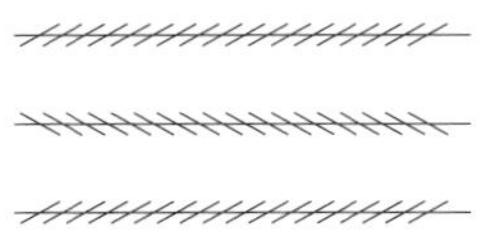　　▲2 cm

0.5 cm	1 cm	1.5 cm	2 cm
傾いて見えた	傾きが大きく見えた	傾いて見えた	傾きが小さく見えた

- -

（まとめ）

（1）斜め線の角度は、小さいほど錯視を起こしやすかったが、小さすぎると錯視はなくなった。今回の実験では、30度のとき錯視がもっとも大きかった。

（2）斜め線の間かくは、小さいほうが錯視は大きかった。

（3）横線の間かくは、広すぎると錯視はなくなった。
今回の実験では、0.5、1、1.5 cmでは大きな差はないように見えた。

（4）今回の実験での最適条件は、次のようになった。
斜め線の角度：30度、斜め線の間かく：0.5 cm、横線の間かく：1 cm

（考察）

（1）斜め線が30、45度の間のときに、もっとも錯視が大きくなると考えられる。

（2）斜め線が密なほうがより傾いて見えたのは、錯視を起こす要素が多ければ多いほど錯視が大きくなるためだと考えられる。

（3）横線の間かくが広いと錯視が起こらなかったのは、上下の斜め線どうしの距離が大きくなったためだと考えられる。横線の間かくを大きくしても、斜め線を長くすれば錯視が起こるかもしれない。

サイエンスセミナー

錯視と脳

　錯覚のうち、目で見たときに起きる錯覚を錯視といい、ものの形や大きさ、明暗、色、動きなど、ものの見かけ全般にわたって現れます。今見ているものの錯視だけでなく、見た影響があとに残って、その後の知覚が変わってしまう錯視もあります。

　ものを見るためには、目がきちんとはたらくことが必要なのはもちろんのこと、実は「脳」のはたらきがとても重要です。なぜなら、目とカメラとは構造が似ていますが、「見ること」は、カメラで写しとる作業だけでなく、それを「認識する」という作業を瞬時にしているからです。そのため、日常生活ではあまり見かけないような特殊な図形を見たときに「錯視」が起きると考えられます。脳のしくみは複雑で、謎に満ちており、錯視が起こる理由はわかっていないことが多いのです。

進化する錯視

　16〜20ページでは古くからある錯視の研究を紹介しました。錯視は、心理学や脳科学、医学や神経科学の分野で研究されてきましたが、20世紀末からは、数学を使って錯視の本格的な研究がされるようになってきました。目で見たものを認識するメカニズムを数学で解き明かすなんて驚きですね。

　ここでは、東京大学名誉教授の新井仁之(あらいひとし)さんと共同研究者の新井しのぶさんがつくられた、不思議な錯視の一部を紹介(しょうかい)します。数学的な説明はとても難しいので、まずは錯視のおもしろさを楽しみましょう。

文字列傾斜(けいしゃ)錯視　本当は文字が水平になっているのに傾(かたむ)いているように見えます。

十一月同窓会十一月同窓会十一月同窓会十一月同窓会
十一月同窓会十一月同窓会十一月同窓会十一月同窓

会窓同月一十会窓同月一十会窓同月一十会窓同月一十
会窓同月一十会窓同月一十会窓同月一十会窓同月一十

十一月同窓会十一月同窓会十一月同窓会十一月同窓会
十一月同窓会十一月同窓会十一月同窓会十一月同窓会

自由研究で実験したツェルナー錯視とは原理が全然ちがうんだって。

浮遊(ふゆう)錯視　上下に動かすと左右に、左右に動かすと上下に動いて見えます。

本を上下左右に動かして見てね。

　錯視は楽しいものですが、実は、けがや交通事故、見まちがいなどの原因にもなっています。錯視を研究することは、私たちの身を守ることに役立ちます。また、脳の研究を発展させることにもつながっているのです。

虫の動きに決まりはあるの?

【研究のきっかけになる事象】
小さい虫を観察していると、興味深い行動が見られることがある。

【実験のゴール】
ワラジムシに迷路を歩かせ、角を曲がる方向に規則性があるかどうかを調べてみよう。

用意するもの
▶ ワラジムシ2匹　▶ 紙コップ
▶ ラップフィルム　▶ 氷か保冷剤
▶ 工作用紙　▶ カッターナイフ　▶ カッターマット
▶ のりや木工用接着剤(速乾)

実験の手順

準備 ワラジムシをつかまえ、迷路をつくっておく

ワラジムシをつかむときはやさしく、傷つけないようにね。

1 ワラジムシを2匹つかまえる。

植木鉢や落ち葉などの下からワラジムシを探す。

つかまえたら紙コップなどに入れ、ラップをかぶせる。

基本情報

ワラジムシとダンゴムシ

　ワラジムシは昆虫ではなく、カニやエビと同じ甲殻類のなかまです。また、ダンゴムシもワラジムシのなかまです。どちらも体長は15mmほどで、落ち葉の下や石積みのすきま、植木鉢の下などでくらし、おもに落ち葉などを食べ、よく似ています。ダンゴムシがつやのある丸みを帯びたからだをしているのに比べ、ワラジムシはつやがなく平たいからだをしています。この実験は、どちらの虫でも行えますが、ダンゴムシは刺激を与えるとからだを丸めてしまうので、少しやりにくいかもしれません。

ワラジムシ　　ダンゴムシ

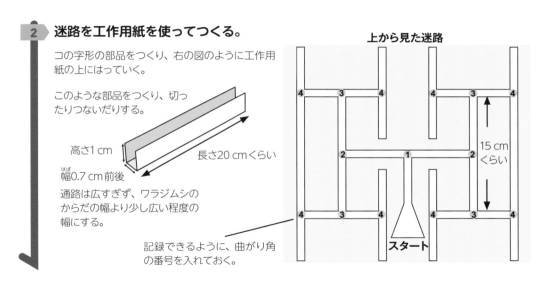

実験を始める前に、曲がり角の番号を決めておき、記録用紙を用意しておくといいよ。

⚠**注意** 手を切らないようにしよう。

② **迷路を工作用紙を使ってつくる。**

コの字形の部品をつくり、右の図のように工作用紙の上にはっていく。

このような部品をつくり、切ったりつないだりする。

高さ1 cm

長さ20 cmくらい

幅0.7 cm前後

通路は広すぎず、ワラジムシのからだの幅より少し広い程度の幅にする。

記録できるように、曲がり角の番号を入れておく。

上から見た迷路

15 cmくらい

スタート

---

1 迷路でのワラジムシの行動パターンを調べる

① **準備した迷路の4つの角を左右どちらに曲がるかを、40回（1匹あたり20回）行って記録をとる。**

それぞれの実験におけるワラジムシの動きを、右の表のように記録する。

実験＼角	ワラジムシＡ				ワラジムシＢ			
	1	2	…	20	1	2	…	20
①	→	→		←	←	→		←
②	→	←		→	→	←		←
③	←	→		→	←	→		→
④	→	←		→	←	←		←

→は右に曲がったこと、←は左に曲がったことを示す。

実験の注意とポイント

- 迷路の壁が低すぎると、ワラジムシがすぐに逃げてしまうので気をつけよう。
- ワラジムシがあまりに元気な場合は、実験の前に、ワラジムシを入れた容器の外側に氷などを置いて少し冷やしておくほうがよいかもしれない。寒いと行動がにぶくなるからね。
- ワラジムシをやさしくつかむのが難しかったら、細長く切った工作用紙にのぼらせて紙コップなどに入れよう。
- 実験が終わったら、よく手を洗おう。

このレポートはひとつの例です。
実際には、自分で行った実験の結果や考察を書きましょう。

ワラジムシの行動の研究

〇年〇組　〇〇〇〇

研究の動機と目的

ワラジムシは植木鉢の下などにいる身近な虫である。植木鉢をどかすと右に左に動き回って逃げる。進む方向に決まりがあるという話を聞いたことがあるので実際に試してみることにした。

準備したもの

＊ワラジムシ2匹　＊紙コップ
＊工作用紙　＊カッターナイフ　＊カッターマット
＊木工用接着剤

右のような部品を組み合わせて下の
写真のような迷路をつくった。

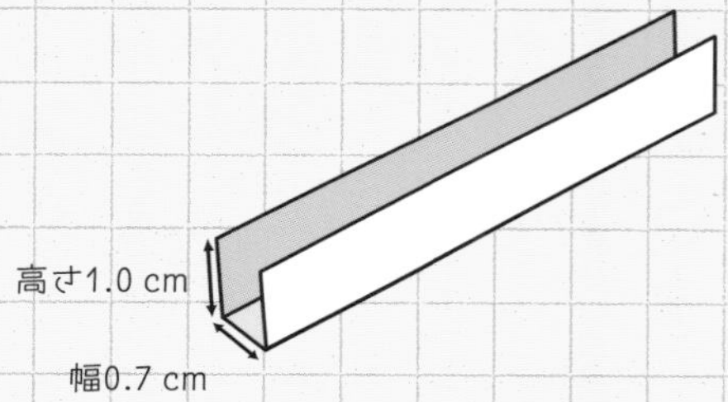

高さ1.0 cm

幅0.7 cm

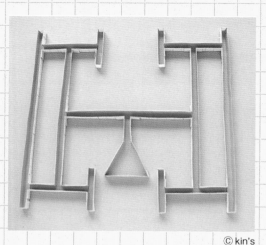

© kin's

実験 **複雑な迷路での行動を調べた**

>方法　迷路のスタートにワラジムシを1匹置き、迷路を進ませることを20回行って記録した。もう1匹も同様に20回の記録をとった。

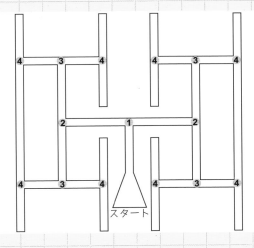

>結果　40回の実験結果をまとめると、下の表のようになった。40回のうち15回、左右交互に曲がる行動が見られた。

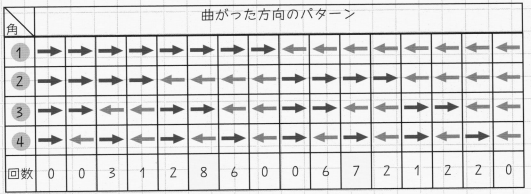

➡は右に曲がったこと、⬅は左に曲がったことを示す。

- -

（まとめと考察）

(1) 40回の実験のうち15回、左右交互に曲がる行動が見られた。

(2) すべての角を同じ方向に曲がるパターンは一度も見られなかった。

(3) ワラジムシは進行方向にじゃまなものがあると交互に曲がる「交替性転向反応（こうたいせいてんこうはんのう）」という行動をとるらしい。今回の実験で見られたワラジムシの進み方には、この「交替性転向反応」が関係していると考えられる。

交替性転向反応
こうたいせいてんこうはんのう

　生物が、1つの角を曲がると、その方向を記憶し、次
には反対の方向に曲がる行動をとることを「交替性転向反
応」といいます。ワラジムシのほか、ダンゴムシでも同
じような行動が見られます。

　ワラジムシやダンゴムシは、湿ったうす暗い落ち葉の
下のような環境に落ち着く性質があり、実験の迷路のよ
うな異なる環境に置かれると、そこから逃げようとします。
このとき、T字路を左、右、左と交互に曲がれば、同じ
場所にもどる可能性が低くなり、出発点から遠ざかるこ
とができるというわけです。

急いで逃げ
なきゃ！

　一方、最近では、方向を変える際にかかる左右のあし
の負担を均等にするため、交互に進むのだという説もあります。また、ダンゴムシを使った実験で、直線の道を
歩くより、ジグザグに曲がった道を歩くほうが、速く進む結果が出たそうです。

　いずれにしても交替性転向反応は、その場から速く遠ざかるために役に立つ行動のようです。

道の色とワラジムシの進み方

ワラジムシは色にはどのように反応するのでしょうか。迷路の色を変えて実験します。

準備 ワラジムシ数匹、工作用紙、ピンセット、セロハンテープ、黒、赤、黄色の色紙

方法
1) 23ページでつくった実験迷路を用いる。
2) 道の幅に入るように色紙を切っておく。
3) 下のA〜Dのように、色紙を置く位置を変えて、ワラジムシの曲がる向きと2つ目の角に到達するまでにかかる時間を、各色で調べる。

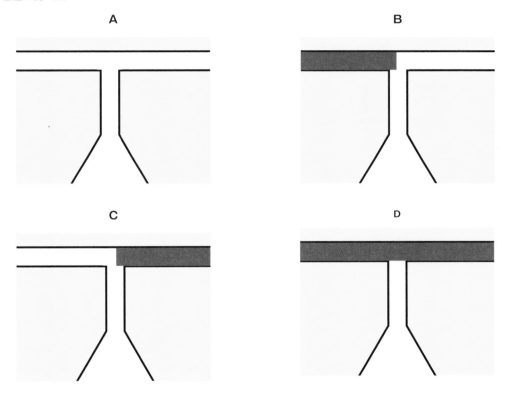

結果 黄色のときは、その方向に進むのをためらうような行動が少し見られた。逆に、赤色と黒色の紙でそのような行動は見られなかった。特に決まった色を選んで進むような行動は見られない。

ワンポイント！
- AとDで、ワラジムシが2つ目の角に到達するまでの時間を比べることで、ワラジムシが道の色があることでためらうような行動をとるかどうかを調べられる。
- A、B、Cで、ワラジムシの曲がる向きを比べることで、ワラジムシが決まった色を選んで進むような行動をとるかどうかを調べられる。

水の浄化を探る研究

【研究のきっかけになる事象】
水道の水をつくる過程では、川や湖などの水に、凝集剤を入れてごみなどを沈殿させている。

【実験のゴール】
水に混じった不純物をとり除くにはどんな方法が効果的か、実験で試してみよう。

用意するもの
▶ よごれた水（池などの水）　▶ ミョウバン
▶ 石灰　▶ 温度計　▶ 透明なコップ　▶ ボウル
▶ ドリッパー　▶ フィルターペーパー　▶ 活性炭
▶ ざる　▶ 割りばし　▶ 小さじ　▶ 計量カップ
▶ リトマス紙（またはpH試験紙）　▶ 紙（黒、白）
▶ ペットボトル　▶ ラップフィルム　など

実験の手順

1 よごれた水をフィルターでろ過し、色やにごり、においの変化を確かめる

よごれた水は、池がなければ金魚などの水槽の水でもよいし、水道水に土を混ぜてつくってもいいよ。

1 用意したよごれた水をAとし、150 mLをとり、ドリッパーにフィルターペーパーを3枚重ねた装置でろ過して、この水をBとする。

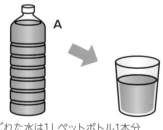

よごれた水は1Lペットボトル1本分くらい用意しておく。

フィルターペーパー
3枚重ね

ドリッパー

B

2 よごれた水Aを、Bと同じ量だけコップにとる。AとBのにごりや色、においを比べる。

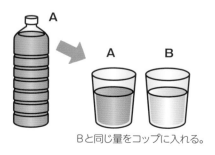

Bと同じ量をコップに入れる。

よごれた水をミョウバンで凝集させ、色やにごり、においの変化を確かめる

ミョウバン（焼ミョウバンでも可）は薬局やスーパーで、石灰（「苦土石灰」ではない）は園芸店で、活性炭はペットショップやホームセンターで買える。活性炭は、冷蔵庫の脱臭剤で粒状のものも使えるよ。

凝集剤（32ページ参照）と同じ性質をもっているミョウバンや石灰を使って実験するよ。

ミョウバンや石灰がとけなくても上澄み液を使うのでだいじょうぶ。

コップは何が入っているか区別がつくように印をつけておこう。

色やにごりのちがいがわかりにくいときは、照明の当て方をくふうしてみよう。

1 よごれた水A200 mLを別のコップに取り、ミョウバン小さじ1杯を加えてかき混ぜ、しばらく置く。

ミョウバン
小さじ1

2 コップの水の性質をリトマス紙（またはpH試験紙）で確かめる。

割りばしでたらす。

リトマス紙

3 小さじ $\frac{1}{5}$ 程度の石灰を **2** のコップの水に加え、かき混ぜてしばらく置く。

石灰
小さじ $\frac{1}{5}$

4 リトマス紙（またはpH試験紙）で水の性質を確かめる。

5 そのまま水を30分置き、上澄み液を実験の手順1と同じようにろ過して、これをCとする。

上澄みの部分を注ぐ。

フィルターペーパー
3枚重ね

C

6 4つのコップにA、B、Cの水と水道水を同じ量だけそそぎ、にごりや色、においを比べる。

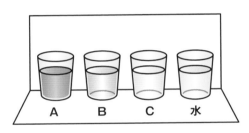

A　B　C　水

白い紙をコップの下と後ろに置いて、色を比較する。

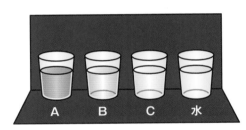

A　B　C　水

黒い紙をコップの下と後ろに置いて、にごりを比較する。

29

3 ▎さらに活性炭でろ過して、色、におい、にごりの変化を確かめる

1 活性炭をざるなどに入れて水洗いし、ドリッパーに入れた3枚重ねのフィルターペーパーいっぱいに入れておく。

活性炭

フィルターペーパー
3枚重ね

ドリッパー

2 実験の手順2でろ過したCの水を半分に分け、一方を用意した **1** の装置でろ過し、Dとする。

Cの
半分の量

D

3 CとDをそれぞれコップに入れてラップフィルムをかけ、湯の入ったボウルに並べ、10分ほどあたためる。

⚠**注意** 実験でつくった水は絶対に飲まないこと。

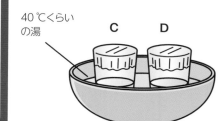

40℃くらい
の湯

C   D

4 コップを取り出し、にごりや色、においを確かめる。

手であおいで、
においをかぐ。

レポートの実例

このレポートはひとつの例です。
実際には、自分で行った実験の結果や考察を書きましょう。

水をきれいにする研究

〇年〇組　〇〇〇〇

研究の動機と目的

　水道の水は、川などの水のよごれを浄水場で凝集剤で沈殿させたり、ろ過したりしてきれいにしたものだという。家で手に入るものを使って同じような実験ができると聞き、どのくらいきれいになるかを試してみることにした。

準備
したもの

※池の水　※水道水　※ミョウバン　※石灰　※小さじ　※ラップフィルム
※コップ　※ボウル　※活性炭　※ドリッパー　※フィルターペーパー
※割りばし　※温度計　※リトマス紙　※黒い紙　※白い紙
※ペットボトル　※ざる　※計量カップ

実験1 **池の水はろ過や凝集剤でどのくらいきれいになるかを調べた**

＞方法　以下のA〜Cのように水を用意した。

A：池の水を1Lほど採取した。

B：ドリッパーにフィルターペーパー3枚を重ねて置き、採取した水A約150mL
　をろ過した。

C：（1）〜（5）の手順で水を処理した。

　（1）採取した水A200 mLをコップにとり、ミョウバン小さじ1杯を入れかき混
　　　ぜた。

　（2）この水をリトマス紙につけて色の変化を確認した。

　（3）さらに石灰を小さじ$\frac{1}{5}$くらい入れてかき混ぜた。

　（4）この水をリトマス紙で調べた。

　（5）30分後コップの中のようすを観察し、上澄み液をBと同じようにろ過し、
　　　これをCとした。

A、B、Cの水と水道水とをコップに同量ずつ入れて、白い紙の上に並べて色を、
黒い紙の上に並べてにごりとにおいを比べた。

＞結果　・実験中に気づいたこと：ミョウバンを加えるとコップの中にふわふわしたもの
　　　が現れ、リトマス紙は酸性を示した。さらに、石灰を加えることで、ふわふわ
　　　したものが底に沈んでいった。そして、リトマス紙は中性を示した。

	にごり	色	におい
水道水	なし	無色透明	かすかに薬くさい
A　池の水	とても多い	かなり茶色い	土のにおい
B　ろ過のみ	少しあり	少し茶色っぽい	土のにおい
C　凝集剤使用	わずかにあり	ほぼ無色透明	わずかなにおい

実験2 **凝集剤を使った水を活性炭でろ過し、においやにごりなどを比べた**

＞方法　（1）ドリッパーにフィルターペーパーを3枚重ねて置き、その中に水洗いした活
　　　性炭をいっぱいに入れた。

(2) Cの水を半分に分け、一方を（1）の装置でろ過し、その水をDとした。

(3) CとDをそれぞれ2つのコップに同量ずつ入れてラップをかけ、約40℃の湯
　　を入れたボウルに10分ほど入れてあたため、色やにごり、においを確かめた。

> 結果

		にごり	色	におい
C	凝集剤使用	わずかにあり	ほぼ無色透明	わずかなにおい
D	凝集剤＋活性炭	なし	無色透明	なし

C　D

（まとめ）

・よごれた水は、ろ過しただけではにごりがとれなかった。

・凝集剤（ミョウバンや石灰）は、にごりの原因となっていた浮遊物（ふゆうぶつ）を凝集（ぎょうしゅう）でき
　たが、わずかなにごりとわずかなにおいが残った。

・凝集剤と活性炭の組み合わせは、非常に細かい浮遊物やわずかなにおいも取り
　除けた。

（考察）

・凝集剤は、ろ過だけでは取り除けない水のよごれを取り除けることがわかった。

・活性炭は、凝集剤では取り除けない、さらに細かい水のよごれを取り除けるこ
　とがわかった。

サイエンスセミナー

凝集剤のはたらき

　よごれた水は、大きなごみを取り除いても、「コロイド粒子（りゅうし）」とよばれる細かな粒子がいつまでも水に分散し
て、にごりの原因となっています。浄水場では、このコロイド粒子を硫酸（りゅうさん）アルミニウムやポリ塩化アルミニウ
ムなどの「凝集剤」とよばれる薬剤を入れて取り除いています。凝集剤を入れることでコロイド粒子どうしがくっ
つき、大きくなって沈（しず）みやすい状態になります。固まりになって沈殿（ちんでん）すれば回収しやすくなるというわけです。
　この凝集剤はどのようなはたらきをしているのでしょうか。水の中に漂うコロイド粒子は－の電気を帯びてい
ます。そこに＋の電気を帯びている凝集剤を入れること
で引き合って集合するのです。この実験ではミョウバン
のアルミニウム成分が細かいコロイド粒子を結びつけ、
さらに石灰を入れることで石灰の中の水酸化カルシウム
がコロイドに結びついて大きくなります。また、ミョウ
バンで弱い酸性になった水を石灰のアルカリ性で中和す
るはたらきもあります。

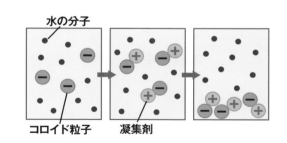

水の分子

コロイド粒子　　凝集剤

発展研究

おいしい水を探る研究

　水道水と市販されている水とは、何がちがうのか、味やにおいなどとともに「パックテスト」を用いて、水の残留塩素や硬度を調べます。

準備　パックテスト（硬度・残留塩素検査薬）、水道水、市販されている水（数種）、浄水器の水、透明なコップ、やかん、活性炭、ドリッパー、フィルターペーパー、時計、温度計

方法　1) それぞれの水を透明なコップに入れて、色、におい、味を調べる。

それぞれのコップを
同じ場所に置く。

水温が同じになったら、色を観察し、においをかぎ、飲んで味を調べる。

2) それぞれの水の残留塩素と硬度を調べる。次のようにパックテストで調べる。

パックテストのチューブの
ラインをぬいて空気を出す。

チューブを水につけて半分
くらいまで水を吸いこむ。

軽くふり混ぜて、指定の時間がたったら、
標準色表の上にのせて色を比べる。

3) 水道水に次のA、B、Cの処理を加えるとそれぞれ残留塩素はどうなるか、パックテストで比較する。

A　沸騰するまでわかし、
自然に冷ます。

冷めてから
入れる。

⚠️**注意**　やけどに気をつけること。

B　活性炭を使ってろ過する。

C　ふたをしないで一晩
置いておく。

結果
・残留塩素がなく硬度の低い水ほどおいしく感じた。
・残留塩素は、AやCではなくなり、Bでは少なくなった。

 **使い終わったチューブ
の液体は出さないこと！**　パックテストの注意書きをよく読んで処理をする。

ワンポイント！
●ここで使う「パックテスト」は「共立理化学研究所」が「おいしい水検査セット」として販売しており、インターネットショップなどで購入できる。
●水温がちがうと味の感じ方や塩素のぬけ方がちがってくる。
●水中にふくまれるカルシウムやマグネシウムの量が多いほど、水の硬度は高くなる。
●日本の水道水は消毒のため塩素が使われており、安全な飲料水として0.1 mg/L（ppm）以上の塩素濃度を保つように決められている。

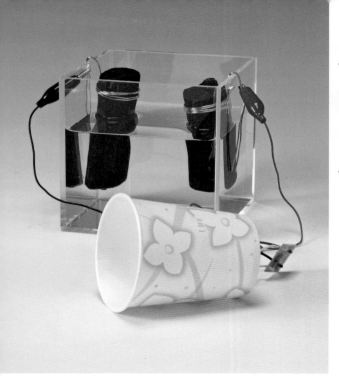

時間 3時間　難易度 ★★★★

備長炭で燃料電池をつくる実験

【研究のきっかけになる事象】
燃料電池は、水素と酸素が結びついて水になるときに電気エネルギーをとり出すことができる。

【実験のゴール】
身近な材料である備長炭を使って、燃料電池をつくってみよう。

用意するもの
▶容器　▶備長炭4本　▶ペンチ　▶割りばし
▶針金　▶時計（秒針つき）　▶はかり　▶テスター
▶水　▶重そう　▶食塩　▶1Ｌくらいの入れ物
▶計量カップ　▶電子オルゴール　▶紙コップ
▶ミノムシクリップ（2本）　▶9Ｖ乾電池（2本）
▶9Ｖ乾電池用スナップ　▶セロハンテープ

実験の手順

準備　電極と電解液をつくる

備長炭はホームセンターなどに売っていることが多いよ。長さ10cm程度で、なるべく細長く、同じ形のものを用意しよう。

針金は、銅の針金がよいが、なければ鉄やアルミニウムの針金でもいいよ。テスターを使って針金の表面に電気が流れるのを確かめておくといいよ。

重そうは薬局や100円ショップなどにあるよ。完全にとかさなくても使えるよ。
※重そうは20℃で100ｇの水に約9.6ｇとけるよ。

1 備長炭の端に、図のようにしっかり針金を巻く。針金を長めに残して曲げる。同じものを4本用意する。

⚠ 手が黒くなるので、軍手などを使おう。また、針金の先でけがをしないように気をつけよう。

固定したり、導線をつないだりする部分として使う。

2 1Ｌくらい入る入れ物に重そう（炭酸水素ナトリウム）50ｇ（大さじ約4杯）と水500mLを入れる。ふたをせず、割りばしでかき混ぜてとかす。

⚠ ふたをして振ると、液がふき出す恐れがある。

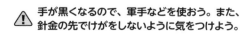

3　**1** の備長炭電極を容器に引っかける。
　　2 の重そう水を、備長炭が $\frac{2}{3}$ くらいひたるように、容器に注ぐ（足りない場合は、同じ濃さの重そう水を加える）。

備長炭の位置を調整して、2本の備長炭が液にひたる部分を同じくらいにする。

針金に重そう水がつかないように注意する。

1 充電して、燃料電池ができたか調べる

1 9 V乾電池をつないで1分間、水の電気分解(ここでは、これを「充電」とよぶ)をする。
- ①9 V乾電池用スナップの両端にミノムシクリップをつけ、備長炭電極の針金をしっかりはさむ。
- ②スナップに電池をつなぐ。
- ③開始時間を記録する。
- ④備長炭の表面のようすなども観察し、記録しておくとよい。

ミノムシクリップ

重そう水

スナップ

9 V乾電池

⚠ 火を使っている場所や閉め切った場所では行わない。十分に換気をすること。

電池をつなぐと、液中にある備長炭の表面に気泡が出始める。

2 電子オルゴールを紙コップの底にセロハンテープではる(音がよく聞こえるようにする)。

3 充電後、電池を外し、電子オルゴールにつなぎかえて、音が鳴るかどうか、鳴っている時間などを調べる。

電池の＋極をつないでいたほうに、電子オルゴールの＋極の導線をつなぎ、－極をつないでいたほうに、－極の導線をつなげる。

電子オルゴール

2 電解液を食塩水にかえて調べる

1 電解液の重そう水を食塩水にかえ、実験の手順1と同じようにして実験する。
まず、水450 mLに食塩160 gを入れ、食塩をとかす。備長炭電極は新しいものにかえ、実験の手順1 **1** ①と同じように準備する。

2 9V電池をつないで1分間充電する。

⚠ 気体が発生する実験では、閉め切った場所では行わず、必ず十分に部屋の換気をしながら実験すること。

窓を開けて実験しよう。

3 電池を電子オルゴールにつなぎかえ、実験の手順1の場合と比べる。
音が鳴るかどうか、鳴っている時間などを記録する。

電子オルゴールは、模型店や電子部品店に、スナップは電気店やホームセンターにあるよ。どれもインターネットショップで買うことができるよ。

⚠**注意** 電極がふれ合うとショートして危ないよ。使わないときは電池を外しておこう。

備長炭電極がお互いにふれないように注意しよう。

※食塩(塩化ナトリウム)は、20 ℃のとき100 gの水に約36 gとけるよ。

乾電池は同じ種類の新しいものにとりかえること。

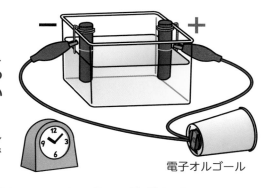

35

レポートの実例

このレポートはひとつの例です。
実際には、自分で行った実験の結果や考察を書きましょう。

備長炭で燃料電池をつくる実験

〇年〇組　〇〇〇〇

研究の動機と目的

　水の電気分解の授業で、分解とは逆に水素と酸素が結びついて水になるときに、電気エネルギーがとり出せて、有害ガスも出ないという発電方法があると知った。燃料電池といって、教科書には白金など専用の電極が必要とあるが、前に実験で使ったことのある備長炭を使って発電できないか、試してみることにした。

準備したもの

＊プラスチック容器　＊備長炭4本　＊水　＊重そう　＊食塩　＊計量カップ
＊時計　＊はかり　＊ペンチ　＊電子オルゴール　＊1Lくらいの入れ物
＊針金（アルミニウム）　＊ミノムシクリップ　＊乾電池（9V）
＊9V乾電池用スナップ　＊セロハンテープ　＊紙コップ

- -

実験1　**備長炭と重そうの電解液で、燃料電池ができるか調べた。**

>方法　
(1) 備長炭と針金で電極をつくり、水500mLに重そう50gを加えた重そう水の電解液にひたした。
(2) 9V乾電池をつなぎ1分間充電し、電極のようすを観察した。
(3) 乾電池を外し、電子オルゴールにつないだ。

>結果　電子オルゴールにつなぐと、オルゴールが鳴った。40秒ほどするとメロディーがくずれるようになり、1分24秒後に音が鳴らなくなった。

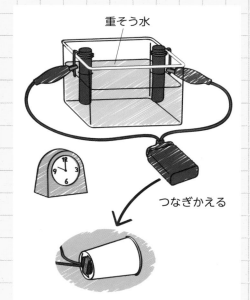

重そう水

つなぎかえる

　ここでは、編集部で実験した結果を例として載せています。この実験では、特に備長炭の品質や大きさ、導線の種類、電池の性能によって結果にばらつきが生じます。できるだけ条件をそろえて実験することが大切です。

実験2 電解液を食塩水にかえて調べた。

> **方法**　(1) 備長炭と針金で電極をつくり、水
> 450 mLに食塩160 gを加えた食塩水
> の電解液にひたした。
> (2) 9 V乾電池を1分間つないで充電し、
> 電極のようすを観察した。
> (3) 乾電池を外し、電子オルゴールにつ
> ないだ。

> **結果**　電子オルゴールにつなぐと、オルゴール
> が鳴った。4分30秒過ぎたあたりからメ
> ロディーが変になり、6分18秒後に音が
> 鳴らなくなった。

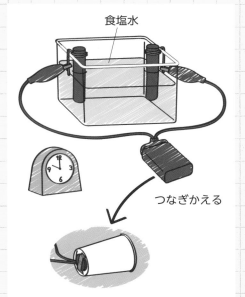

食塩水

つなぎかえる

考察

・実験1で、乾電池をつなぐと備長炭の表面に泡が発生したが、これは水の電気分解が
行われて一極に水素、＋極に酸素が発生していると考えられる。備長炭はとても小
さなあながたくさんあいている多孔質のため、水素や酸素がたくわえられるのだと思っ
た。そして電子オルゴールをつなぐと、この水素と酸素が結びついて水になるとき
電気エネルギーを出すと考えられる。

・実験2では、塩素ができていたのではないかと思う。これは、食塩（NaCl）が水に
とけてできた塩化物イオン（Cl⁻）が＋極で塩素（Cl_2）になると考えられるからだ。
実験1よりも長く音が鳴り続けたのは、塩素と酸素の性質のちがいによるものでは
ないかと思う。

燃料電池は水の電気分解の逆の反応で発電する

　燃料電池のしくみを利用して、電極や電解質などを工夫したさまざまなタイプの燃料電池が開発されています。

　いろいろな種類がありますが、すべてに共通するのは、水素を燃料にして、水の電気分解の逆の反応によって発電している点です。そして発電後におもにできるものは水です。火力発電に比べ、二酸化炭素、窒素酸化物や硫黄酸化物などの有害な物質を出さないことや、エネルギー効率が良い点などが評価され、環境にやさしいクリーンな発電システムとして注目されています。

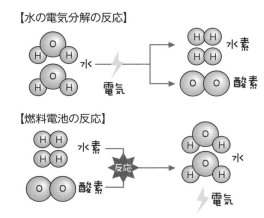

【水の電気分解の反応】

【燃料電池の反応】

備長炭と重そうの水溶液を使った燃料電池の反応を考えてみよう

●充電しているとき

　重そうがとけている水溶液に電流を流すと、水の電気分解（中2で学習）が起こります。

　－極（陰極）では、電子を受けとって水素が発生します。発生した水素は備長炭の小さなあなや表面にたまります。＋極（陽極）では、電子を放出して気体の酸素が発生します。そして、発生した酸素は備長炭の小さなあなや表面にたまります。

　つまり、$2H_2O$ ＋ 電気エネルギー → $2H_2$ ＋ O_2
という反応が起こっていたのです。

●発電しているとき

　乾電池で充電した備長炭に導線をつなぐと電流が流れ、電子オルゴールを鳴らすことができます。

　－極では備長炭にたまっていた水素がOH^-と反応して水になり、電子を出します。この電子が導線を通じて＋極に移動します。＋極では備長炭にたまっていた酸素と水が電子を受けとってOH^-ができます。

　全体の反応をまとめると、
$2H_2$ ＋ O_2 → $2H_2O$ ＋ 電気エネルギー
となり、水の電気分解の逆反応とわかります。

　このようにして、備長炭の燃料電池は電気エネルギーを出すと考えられます。

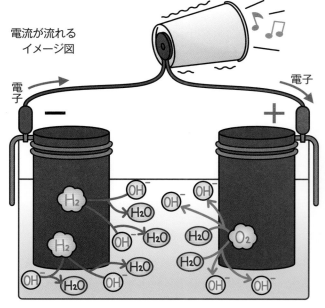

電流が流れるイメージ図

　※この実験では、備長炭と重そうを使った電池を燃料電池とよんでいますが、燃料電池の定義のしかたなどにより、燃料電池とはよばないこともあります。

シャープペンシルの芯の電極とLEDを使った実験

35ページの実験の備長炭電極のかわりにシャープペンシルの芯を使い、LED を点灯させてみましょう。

準備 重そう水、9 V 乾電池、9 V 乾電池用スナップ、ミノムシクリップ、秒針つきの時計、セロハンテープ、シャープペンシルの芯（HB、太さ0.5 mm）20本、プリンなどの容器（よく洗ったもの）、LED（定格電圧2 V 程度）1個

方法

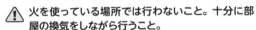

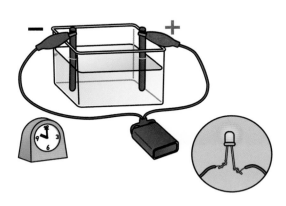

1) シャープペンシルの芯10本をセロハンテープで束ねる。同じものをもう1束つくる。芯を容器の内側に入れ、ミノムシクリップの接続部分を少し上に出すようにしてセロハンテープで固定する（右図）。34ページでつくったものと同じ濃さの重そう水約100 mLをつくって、芯が$\frac{2}{3}$くらいひたるように注ぐ。

2) 35ページの実験の手順1と同様に9 V 乾電池をつないで、30秒間充電する。

3) 電池をLEDにすばやくつなぎかえる。＋、－に注意。

4) 秒針のある時計で、LED が消えるまでの時間をはかり、記録する。

5) LEDの配線を外し、同じ装置で、2）で使った電池をつなぐ。時間を60秒、120秒にして、3）と4）を行う。

⚠ **火を使っている場所では行わないこと。十分に部屋の換気をしながら行うこと。**

結果 電池をつなぐと、両極とも、芯の合間から勢いよく泡が出た。つないだ時間と点灯時間は次のようになった。

電池をつないだ時間（充電）	LED の明るさ	消えるまでの点灯時間（発電）
30 秒	ついた	7 秒
60 秒	ついた	8 秒
120 秒	明るくついた	9 秒

考察
・シャープペンシルの芯を電極にした燃料電池ができることがわかった。芯の主成分は炭素なので、備長炭と似た効果があるのではないかと思った。
・LEDが点灯したことから、電気がつくられたことが確かめられた。充電時間が長いほど、電圧が上がってLEDが明るく点灯し、水素が多くたまって長く発電したといえそうだ。

ワンポイント！
●LEDをつなぐとき、＋（長いほう）と－（短いほう）をまちがえないようにする。
●充電に使用した乾電池や芯の種類によって、LEDの明るさや点灯時間が変わることがある。1回の実験に使用するシャープペンシルの芯は、同じメーカーの同じ種類のものを使う。
●電池を芯から外すと、すぐに放電が始まって電圧がどんどん下がっていく。充電後はすばやくLEDにつなぎかえるようにする。

⚠ シャープペンシルの芯を電極にした場合は、電解液を食塩水にすると塩素のにおいがかなり出てきます。そのため、食塩水での実験は行わないでください。また、備長炭や芯の電極どうし、電池の導線の＋と－がふれてショートしないように注意します。使わないときは、必ず電池を外しておきましょう。

回りやすい
風車の形の研究

【研究のきっかけになる事象】
自然のエネルギーを使った発電方法のひとつに風力発電がある。風の力を電気エネルギーにかえるためには風車が必要である。

【実験のゴール】
最も回りやすい風車はどんな形か、羽根の枚数や大きさ、形を変えて調べてみよう。

用意するもの
- ▶工作用紙　▶コンパス　▶カッター　▶はさみ
- ▶分度器　▶定規　▶扇風機　▶クリップ6個
- ▶ビーズ12個　▶消しゴム　▶割りばし
- ▶セロハンテープ　▶巻き尺
- ▶下敷き(カッターマット)　など

実験の手順

準備　風車の羽根をつくる

羽根の直径は、使う扇風機の直径の3分の1くらいを目安に決めよう(この実験では直径12cm)。

実験に使う型紙は142〜143ページにあるよ。

1 ▶ 4枚羽根の風車をつくる(型紙A)。

① 工作用紙に直径12cmの円と直径1cmの小円をかき、その中心を通り、直交する直線を引く(赤い実線)。外側の円で切りとる。

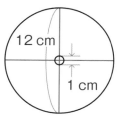

② ①の赤い実線を中心に、外側の円の左右1cmの幅に印をつけ、印から中の小円に向かって、図のように線を引く(青い実線)。

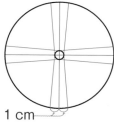

③ 青い実線の外側部分を切りとる。
⚠**注意**　カッターで切るときは十分注意し、下敷きを敷いて切りましょう。

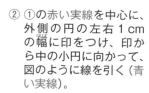

④ 図のように、羽根の根元から羽根先に向かって対角に(緑の点線)定規を当て、45度くらい持ち上げて曲げる。すべての羽根を同じように曲げる。

⑤ 羽根の中心に、コンパスの針などで小さなあなをあける。

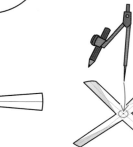

【完成図】

2 **羽根の枚数が2枚、8枚のものをつくる。**

4枚羽根と同じように、2枚羽根、8枚羽根をつくる（下の図は、準備 **1** のつくり方②と同じようにそれぞれの線を引いた図）。

2枚羽根▶
（型紙 B）

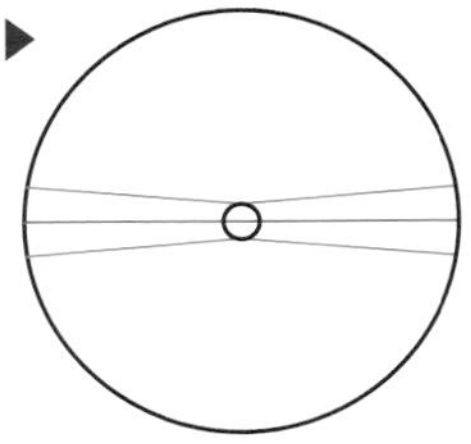

8枚羽根▶
（型紙 C）

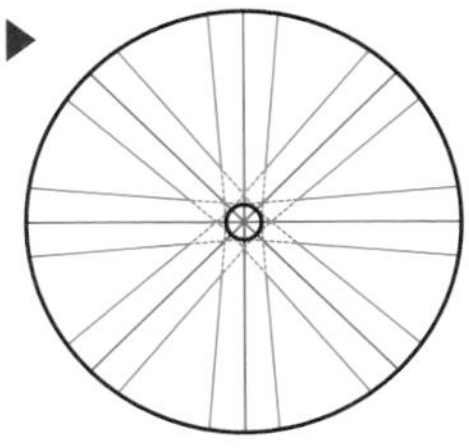

2枚羽根、8枚羽根とも、左の図の青い線で切り、準備 **1** のつくり方④のように羽根を曲げる。

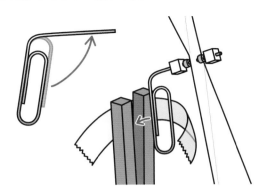

3 **羽根を軸に固定し、風車をつくる。**

クリップの一端を90度よりやや大きめに開き、5mm角に切った消しゴム→ビーズ→羽根→ビーズ→消しゴムの順にクリップに通し、風車をつくる。

【ポイント1】
クリップの輪の部分を割りばしにはさみ、セロハンテープでしっかり固定する。

【ポイント2】
羽根がなめらかに回るように、消しゴムで強くはさみこまないこと。

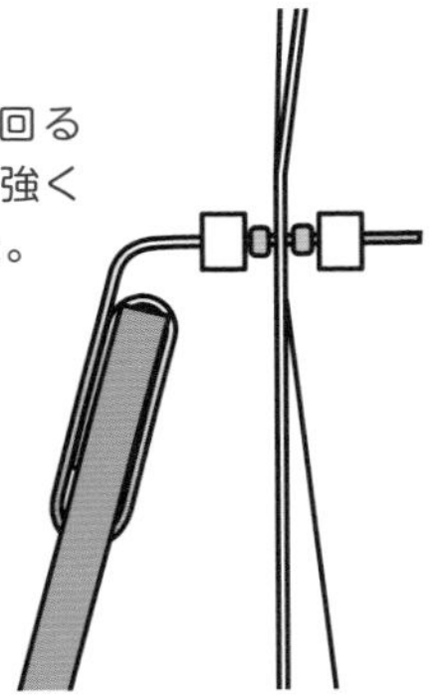

【ポイント3】
スムーズに回るように、クリップの角度を調整する。

こうすることで羽根が安定して回るようになるよ。

割りばしを使うのは、なるべく風の通り道を妨げないようにするためだよ。

⚠**注意** クリップの先がとがったところでけがをしないように注意しよう！

---

1 羽根の枚数を変えて調べる

1 **扇風機の風で3種類の風車を回し、風車が回らなくなる距離を調べて記録する。**

風車を風に当てながら少しずつ扇風機から離していき、羽根の回転が弱くなってきたら、羽根の回転を一度止め、その位置で回り始めるかどうかを調べる。羽根が回転しなくなったら、その位置に印をつけ、扇風機からの距離をはかって記録する。

扇風機の高さは高くせず、風力は「微風」または「弱風」などの弱い風にしよう。また、風車の扇風機に対する高さは、できるだけ変わらないようにしよう。

2 羽根の直径を変えて調べる

直径を変える場合、中心の小円の直径や羽根の幅は、同じ比率で拡大縮小するよ。
143ページの型紙Cをそれぞれの倍率でコピーして使おう。

1 実験の手順1で最も距離が長かった8枚羽根を、直径6cm、15cmに変えて調べる。

準備と同じ手順で羽根をつくり、実験1と同じように、風車が回らなくなる距離を記録する。

▼直径 6 cm（型紙 C × 50%）

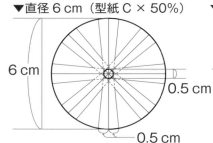

6 cm / 0.5 cm / 0.5 cm

▼直径 15 cm（型紙 C × 125%）

15 cm / 1.25 cm / 1.25 cm

3 羽根の形を変えて調べる

143ページの型紙Dを125%拡大コピーして使おう。

1 実験の手順2で最も距離が長かった直径 15cmの8枚羽根の形を変えて調べる。

これまでの実験で、羽根の数は多く、直径は大きいものが回りやすいようなので、より羽根の面積が広い形の羽根で実験する。

下の図のような羽根の幅が最も広くなるような羽根をつくり、準備 **3** のようにして風車をつくって、実験の手順1と同じように、風車が回らなくなる距離を記録する。

▼幅広型の8枚羽根のつくり方
（型紙 D × 125%）

① 工作用紙に直径15 cmの円と直径1.25 cmの小円をかき、その中心を通る直線を図のように引く（赤い実線）。外側の円で切りとる。

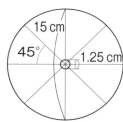

15 cm / 45° / 1.25 cm

② ①の赤い実線から1.25 cm ずれたところに印をつけ、印から中の小円に向かって、図のように線を引く（青い実線）。

1.25 cm

③ 青い実線にそって、およそ5.4 cmカッターやはさみで切り込みを入れる（太い実線）。中心まで切ってしまわないこと。

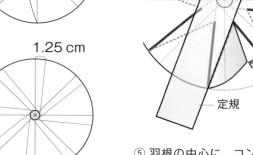

5.4 cm

④ 準備 **1** のつくり方④と同じ要領で、羽根の根元から羽根先に向かって対角に（緑色の点線）定規を当て、45 度くらい持ち上げて曲げる。すべての羽根を同じように曲げる。

定規

⑤ 羽根の中心に、コンパスの針などで小さなあなをあける。

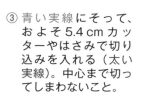

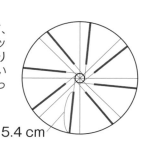

【完成図】

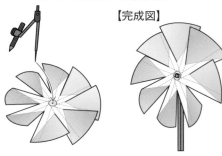

このレポートはひとつの例です。
実際には、自分で行った実験の結果や考察を書きましょう。

風車の羽根の研究

〇年〇組　〇〇〇〇

研究の動機と目的

　資源の確保や環境保護の立場から、自然にあるエネルギーをもとにして発電する工夫が求められている。自然エネルギーを活用する発電方法のひとつである風力発電に興味を持ち、風車の羽根の形状と回りやすさについて調べることにした。

準備したもの

＊工作用紙　＊コンパス　＊分度器　＊カッター　＊はさみ　＊定規
＊扇風機　＊クリップ　＊ビーズ　＊消しゴム　＊割りばし
＊セロハンテープ　＊巻き尺

風車の羽根

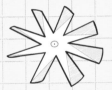

実験用風車

※風車の羽根は、根元から羽根先に向かって対角に定規を当て、45度曲げた。

- -

実験1　**羽根の枚数を変えて調べた**

>**方法**　直径12cmで、2枚、4枚、8枚羽根の風車をつくった。「弱風」設定の扇風機から風車を遠ざけていって、風車が回らなくなる距離を記録した。

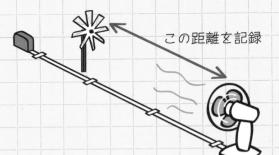
この距離を記録

>**結果**

羽根の数	回転が止まった距離（単位、cm）
2枚羽根	100
4枚羽根	110
8枚羽根	130

> 実験1 の結果からわかったこと

◎羽根の数が多いほど、弱い風でも回る傾向がある。

そこで、最も距離が長かった8枚羽根を使い、直径を変えて調べることにした。

- -

実験2 羽根の直径を変えて調べた

> 方法　実験1で最も距離が長かった8枚羽根を
選び、こんどは直径12cmのほかに、
6cmと15cmをつくって、実験1と同様
にして、回転が止まった距離を調べた。

直径
6cm　　直径
12cm　　直径
15cm

> 結果　　　　　　　　　　　　　　　　　　　　　　　（単位、cm）

羽根の直径	6	12	15
回転が止まった距離	80	130	160

> 実験2 の結果からわかったこと

◎羽根の回転する円の直径が大きいほど、弱い風でも回る傾向がある。

実験1と2から、羽根の数は多く、直径は大きいものが回りやすいようなので、風
が当たる羽根の面積が広い形にすれば、より回りやすくなるのではないかと考え、次
の実験3を行った。

- -

実験3 羽根の形を変えて調べた

> 方法　図のような直径15cmの幅広型8枚羽根
をつくり、実験1、2と同様にして、回
転が止まった距離を調べた。

幅細型　　　　幅広型

> 結果　　　　　　　　　　　　　　　　　　　　　　　（単位、cm）

羽根の形	幅細型（実験2の直径15cmの羽根）	幅広型
回転が止まった距離	160	95

> 実験3の結果からわかったこと

羽根の面積が大きい幅広型の羽根は、幅細型の羽根よりも回りにくい。これは、羽根の数が多く、羽根の直径が大きく、風を受ける面積の合計が大きければ大きいほど回転しやすいわけではないことを示す。

- -

（考察）

- 実験前は、羽根の枚数が多くて直径が大きく、風を受ける面積の合計が大きい羽根のほうがよく回転すると予想した。実験1、2は予想通り面積が大きいほうが回りやすい結果となったが、実験3では、幅がせまい幅細型の羽根が、幅広型よりも回りやすかった。これは、風車の回りやすさは、風を受ける面積が大きいことよりも、羽根の形に関係していることを示していると考えられる。
- 羽根の回転力を生じさせるには、羽根の面積はある程度の大きさが必要だが、あまり面積が大きいと、羽根の後ろに風を受け流せずに、風の力が羽根自体を後ろ向きにおす力となってしまい、回転力にならないためではないかと考えた。また、面積が大きいと羽根自体の質量も大きくなるために、回転軸との摩擦が大きくなって回りにくくなることも考えられる。
- 実際の風力発電所の風車の羽根は3枚のものが多いようだ。これは台風などの強風で風車が壊れるのを避けるためでもあるのではないかと思った。

風車の種類

　風車には、形のちがいから水平軸風車と垂直軸風車があります。

　水平軸風車には、風力発電で一般的なプロペラ型や、粉引きなどに使われたオランダ型、揚水用の多翼形、帆を張ったセイルウィング型などがあります。これらは回転の速さは速い（高回転）ですが、回転面を風の吹いてくる方向に向ける必要があります。

　一方、垂直軸風車にはパドル型、サボニウス型、クロスフロー型、ジャイロミル型、ダリウス型などがあります。低回転ですが、風向きの制御は必要ありません。

▼水平軸風車…風向きに対し、回転軸が平行な風車

・プロペラ型 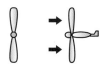　　　・オランダ型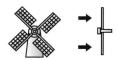

・多翼型 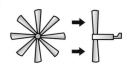　　　セイルウィング型

▼垂直軸風車…風向きに対し、回転軸が垂直な風車

・パドル型 　　　・サボニウス型 　　　・クロスフロー型

・ジャイロミル型 　　　・ダリウス型

サイエンスセミナー

風力発電の変換効率

　風力発電装置の風車は、色々な形のものが考案されていますが、実際に設置されているものの多くは、羽根が2〜4枚のプロペラ型風車を採用しています。この形の風車はとても効率よく風のエネルギーをとり出すことができるからです。しかし、風力エネルギーを風車で100％とり出すことはできません。理論上は、最大でも約60％しかとり出せません（ベッツ理論）。

　実際には、空気の抵抗による損失や、回転の速さを増す設備の伝達効率の制約などがあるため、今の技術では、最終的な効率は最大40％くらいになっています。

発展研究

風力発電をしてみよう！

風力から、実際に電気がとり出せるか、モーターとテスターを使って調べます。

準備 41～42ページの実験で工作した羽根、消しゴム、モーター（太陽電池用または光電池用モーター（定格電圧1.5 V程度））、テスター、扇風機

方法 1）41～42ページの実験でつくった羽根をクリップから外し、モーターの軸につなぐ。消しゴムで羽根をはさみ、軸に固定する。

2）モーターの導線を、テスターにつなぐ。

3）扇風機から20 cmのところで羽根に風を当て、回転で電流が流れるか、流れる電流の大きさをテスターで確認する。羽根の直径を6 cm、12 cm、15 cmと変えて、扇風機の風力が弱と強のときで比べる。

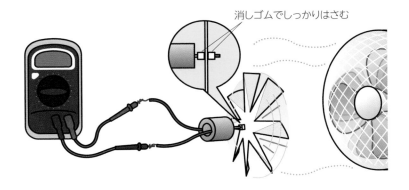

消しゴムでしっかりはさむ

結果 それぞれ以下の表のような電流が確認できた。

扇風機の風力	直径 6 cm の幅細羽根	直径 12 cm の幅細羽根	直径 15 cm の幅細羽根
弱	0 mA	7.4 mA	7.4 mA
強	0 mA	75 mA	110 mA

扇風機の風力が上がるほど羽根の回転の速さが上がり、電流は大きくなった。また風力が強いときは羽根の直径が大きいほど、電流は大きくなった。

電流が流れたことから、風力発電で、電気をとり出せることが確かめられた。風が強いほうが回転の速さが大きくなりやすいので、電気エネルギーを発生しやすいと考えられる。実際の風力発電では、風車羽根の回転を増速機というもので高速化して発電機に伝え、風力エネルギーを実用レベルの電気エネルギーにかえるしくみをとっているようだ。

ワンポイント！ ●風で羽根を回してモーターの軸を回転させると、モーター内のコイルが磁石の間で回転し、発電する。これを電磁誘導という。

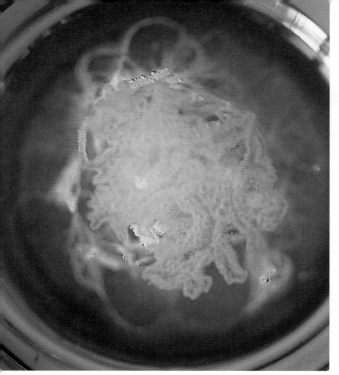

DNAをとり出してみよう

【研究のきっかけになる事象】
生物のからだをつくる小さな細胞のひとつひとつには生物のからだの設計図ともいわれるDNA(デオキシリボ核酸)がしまわれている。

【実験のゴール】
野菜の細胞からDNAをとり出して観察してみよう。

用意するもの
▶ブロッコリー　▶タマネギ　▶トマト
▶台所用洗剤　▶食塩　▶水　▶エタノール
▶コップ　▶すり鉢　▶すりこぎ　▶小さじ
▶割りばし　▶ふきん　▶包丁　▶まな板　など

実験の手順

準備 ## 材料を冷やして準備する

1　野菜はそれぞれ$\frac{1}{4}$個〜$\frac{1}{2}$個程度をみじん切りにして冷凍庫で凍らせる。

材料を凍らせることで細胞壁がこわれて、すりつぶしやすくなるよ。

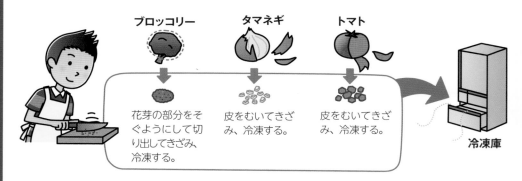

ブロッコリー
花芽の部分をそぐようにして切り出してきざみ、冷凍する。

タマネギ
皮をむいてきざみ、冷凍する。

トマト
皮をむいてきざみ、冷凍する。

冷凍庫

エタノールは薬局で手に入るよ。純度の高い「無水エタノール」を選んでね。

エタノールの温度を下げることで、より多くのDNAを得られるよ。

30gの食塩を170gの水にとかして15%の食塩水をつくり、冷蔵庫で冷やしておく。

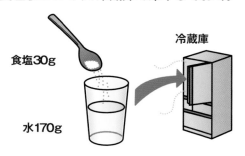

食塩30g

水170g

冷蔵庫

エタノールは冷凍庫で冷やしておく。

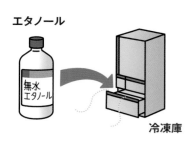

エタノール

無水エタノール

冷凍庫

1 いろいろな野菜のDNAを抽出する

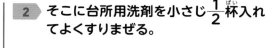

室温が高いと難しいよ。涼しい部屋で実験しよう。

1 凍ったブロッコリーをすり鉢ですりつぶす。ていねいに行うが時間をあまりかけすぎないようにする。

2 そこに台所用洗剤を小さじ $\frac{1}{2}$ 杯入れてよくすりまぜる。

台所用洗剤
（中性のもの）
小さじ $\frac{1}{2}$

3 さらに冷やしておいた食塩水を小さじ1杯加えて、よくすりまぜる。

食塩水
小さじ1

4 ふきんでこす。これをA液とする。

A液

ふきんのかわりに厚手のキッチンペーパーを使ってもいいよ。やぶらないように気をつけて！

5 冷やしておいたエタノールをコップに2cm程度入れておく。

エタノール

2cmくらい

6 コップの内側に割りばしを当て、割りばしに液が伝わるように、A液をゆっくりとそそいでいく。

A液　割りばし

かきまぜない。

エタノール

7 そのまましばらく置いておき、糸状のものが現れるようすを見る。
タマネギやトマトも同じ手順で行う。

実験の注意とポイント

● DNAがうまくとり出せないときは、「野菜が新鮮でなかった」、「野菜の量が少なかった」、「材料をよく冷やしておかなかった」、「時間をかけすぎた」などの原因が考えられるよ。もう一度手順をよく読んで、落ち着いて実験してみよう。

DNA をとり出す研究

〇年〇組　〇〇〇〇

研究の動機と目的

　意外と簡単な方法でブロッコリーから遺伝物質であるDNAをとり出せることを知った。実際に自分で確かめてみたくなり、また、他の野菜でもとり出せないかと考え、実験することにした。

準備したもの

＊ブロッコリー　＊タマネギ　＊トマト　＊台所用洗剤　＊食塩
＊水　＊エタノール　＊コップ　＊すり鉢　＊小さじ　＊割りばし
＊ふきん　＊包丁　＊まな板　＊冷蔵庫

実験　DNAを野菜からとり出す

> 方法

(1) 事前にブロッコリー、タマネギ、トマトを用意し、みじん切りにして冷凍しておいた。また15%の食塩水をつくって冷蔵庫で冷やし、エタノールは冷凍庫で冷やしておいた。

(2) まず、冷凍したブロッコリーをすり鉢ですりつぶし、それに台所用洗剤小さじ $\frac{1}{2}$ 杯を入れて混ぜ、さらに冷やした食塩水小さじ1杯を入れて混ぜた。

(3) できたものをふきんでこし、これをA液とした。

(4) コップに冷やしたエタノールを2cm程度そそいだ。そのコップの内側に割りばしを当て、そこにA液を静かにそそいで放置しておいた。

(5) さらにタマネギをすってこしたものをB液、トマトをすってこしたものをC液とし、ブロッコリーと同様にエタノールの液にそそいだ。

食塩水

エタノール

台所用洗剤

食塩水

A液　　エタノール

ブロッコリー

　　エタノールのコップにA液をそそぐと、白い糸のようなものが立ち上がってきた。しばらくおいておくと、糸状のものが浮き上がって、綿状に集まった。コップの底には緑色の沈殿物がたまっていた。綿状のものは割りばしでからめとることができた。

タマネギ

　　エタノールのコップにB液をそそぐと、白い糸状のものが立ち上がってきた。しばらくおいておくと、糸状のものは浮き上がって綿状に集まった。コップの底には白っぽい沈殿物がたまった。綿状のものは割りばしでからめ取ることができた。

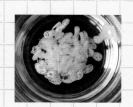

トマト

　　エタノールのコップにC液をそそぐと、もやもやとしたものが出てきた。しばらくおいておくと、浮き上がって、集まったが、割りばしでからめとることはできなかった。

- -

(考察)

　　ブロッコリーとタマネギでは、白い綿のようなものが浮き上がり、割りばしでからめとることができたので、とり出したものが糸状であることが確認できた。トマトから出てきたものは、糸状ではなかった。インターネットで調べたところ（※）、こうしてとり出した糸状のものに、DNAが多くふくまれている可能性があることがわかった。

※実際にレポートを書くときは、参考にしたサイトの URL を記しましょう。

DNAとは

　親と子の姿や形がよく似ているのは、遺伝子（いでんし）が親の性質を子に伝えるからです。遺伝子とは、生物の姿や形、性質の特徴（とくちょう）（形質（けいしつ））を伝える情報のことで、その情報は、生物の細胞の核（かく）にしまわれているDNA（デオキシリボ核酸）に記録されています。DNAは塩基（えんき）とよばれる要素が二重のらせん状に長くつながったもので、その塩基の並び順が遺伝の情報となるのです。

DNAの抽出

　生物の細胞の中には、「核」というものがあります。DNAはそれぞれの核の中でコイル状に巻きついていますが、小さすぎてふつうの顕微鏡（けんびきょう）では見ることができません。そこで、核からとり出して大量に集めることで、肉眼で確認できるようにします。

　抽出のときに台所用洗剤を入れるのは、細胞膜（さいぼうまく）などをこわして核をとり出しやすくするためです。また、食塩水を入れるのは、食塩と細胞のタンパク質を結合させ、DNAから分離（ぶんり）させるためです。さらにエタノールを使うとタンパク質が沈殿（ちんでん）してDNAが浮かび上がるのです。

　この実験で抽出した糸状のものは、正確にはDNAをふくむ物質ということになりますが、試薬を使うとタンパク質は染まらずにDNAだけが染まることから、次のページのような実験でDNAがふくまれていることを確認することができます。

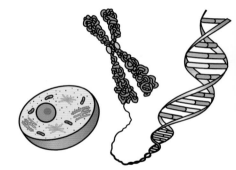

DNAをとり出しやすい野菜

　細胞の大きさは、生物の種類やからだの部分によってちがうので、ブロッコリーの花芽のようになるべく細胞が小さくてたくさん集まっている部分を選ぶことがポイントです。これに比べ、トマトでは細胞のひとつひとつが大きいために、多くのDNAを集めるのは難しくなります。

　グレープフルーツジュースもDNAをとり出しやすい材料です。グレープフルーツジュースを使う場合は、冷やしたエタノールに冷やしたジュースを直接そそぐと右の写真のようにDNAが分離してきます。

エタノールにグレープフルーツジュースをそそいでしばらく置くと、DNAをふくむ綿のようなものが浮かび上がる。

発展研究

DNAを試薬で確認する

　49ページの実験でとり出したものがDNAであれば試薬によって染めることができるはずです。試薬を利用して、続けて、DNAを確認します。

準備　50ページのA液・B液・C液・糸状のものが浮いたエタノールを入れたコップ、水、スポイト、キッチンペーパー、ペーパーフィルター、メチレンブルー、皿、ようじ、ドライヤー、熱湯、ボウル

方法
1) ペーパーフィルターを2cm×6cm程度の長方形に3枚切っておく。
2) 濃度0.1%のメチレンブルーの水溶液(すいようえき)をつくっておく。
3) A液を皿にとり、そこに水を1滴(てき)加える。その液を切ったペーパーフィルターの左側にぬる。
4) コップから糸状のものをようじで巻き取り、キッチンペーパーにふれさせてエタノールや水分をとばす。それを皿にのせて水を1滴加え、ようじでねってとかす。それをペーパーフィルターの中央にぬる。
5) エタノールの底にたまっている沈殿物(ちんでん)を他の液体とまざらないようにスポイトで皿にとる。そこに水を1滴加えたものをペーパーフィルターの右側にぬる。
6) 5) のペーパーフィルターをドライヤーの冷風で十分に乾(かわ)かす。
7) うすめたメチレンブルーの水溶液を皿に入れ、そこに6) のペーパーフィルターを5分間ひたす。
8) ボウルに熱湯を入れ、そこに7) のペーパーフィルターを入れてすすぐように洗う。
9) ペーパーフィルターを見て色が濃くなっている部分を確認する。DNAが検出される部分は色が濃くなる。
10) B液とC液も同様の手順で行う。

⚠ メチレンブルーは、洋服などにこぼすと青く染まって落ちにくいので気をつける。やけどにも注意する。

ペーパーフィルター

6cm
2cm

メチレンブルー

例えば100cm³中に0.8gのメチレンブルーをふくんでいたら約8倍にうすめる（約700cm³の水を加える）。

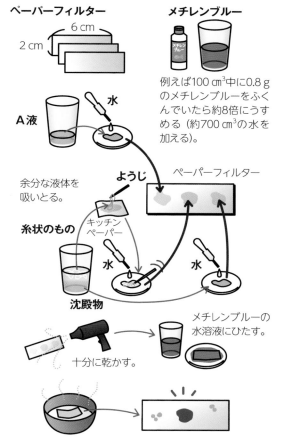

水
A液

余分な液体を吸いとる。

ようじ
キッチンペーパー

糸状のもの

水

沈殿物

ペーパーフィルター

水

メチレンブルーの水溶液にひたす。

十分に乾かす。

結果　以下の写真のように、ブロッコリーとタマネギは、「糸状のもの」の部分が濃く染まっていることで、DNAの検出を確認できる。

ブロッコリー

A液　　糸状のもの　　沈殿物

タマネギ

B液　　糸状のもの　　沈殿物

トマト

C液　　糸状のもの　　沈殿物

*このページの写真は、すべて©kin's

ワンポイント！
- メチレンブルーは金魚の白点病(はくてんびょう)の治療薬(ち りょうやく)としてペットショップやホームセンターなどで売っている。
- 液をぬったペーパーフィルターは冷風で一度十分に乾かしてから、メチレンブルーの水溶液につける。
- スポイトは使い回さないこと。

ビタミンCの検出実験

【研究のきっかけになる事象】
サプリメント（栄養補助食品）やジュース、果物にはビタミンCがふくまれている。

【実験のゴール】
ヨウ素とビタミンCの反応を利用して、さまざまな食品にふくまれるビタミンCの量を調べてみよう。

用意するもの
- ▶ ビタミンCサプリメント
- ▶ ヨウ素液（ヨウ素剤が入ったうがい薬）
- ▶ 調べたい飲み物や果物、野菜など　▶ 水　▶ 白い小皿（数枚）
- ▶ コップ　▶ おろし器　▶ 計量カップ　▶ ボウル
- ▶ かたくり粉　▶ 割りばし　▶ 小さじ
- ▶ キッチンペーパー　▶ スポイト　など

実験の手順

1 ビタミンC溶液にどのくらいビタミンCがふくまれているかを調べる

ヨウ素液はかたくり粉と反応して青紫色に変化する。しかし、ビタミンCとヨウ素液が反応すると、このような色の変化は起こらない。（→58ページ）
この反応を利用して、いろいろなものにふくまれるビタミンCの量を調べよう。

サプリメントは、1錠中にビタミンCが350mg以上の製品を選んでね。

かたくり粉は時間がたつと沈んでしまうので、実験の直前によく混ぜる。

1 ▶ 400mLの水をボウルに入れ、ビタミンCのサプリメントを1錠とかす。

ビタミンC

水
400mL

2 ▶ 小皿に **1** のビタミンC溶液を小さじ2杯とる。比較用に別の小皿に、水を小さじ2杯とる。

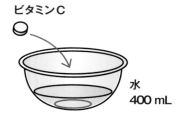

ビタミンC
小さじ2

水
小さじ2

3 ▶ **2** の小皿にそれぞれかたくり粉を小さじ $\frac{1}{2}$ 杯加え、割りばしで混ぜる。

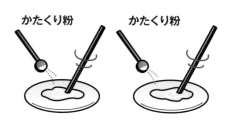

かたくり粉　　かたくり粉

4 ▶ ヨウ素液をスポイトで1滴たらして割りばしで混ぜ、すぐにヨウ素液の色が消えるかどうかを確かめる。

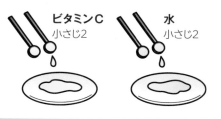

ヨウ素液　　ヨウ素液

5 ▶ ビタミンCが入っているほうの小皿にヨウ素液を1滴ずつたらして、20～30秒割りばしで混ぜる。何滴目で色が消えずに、青紫色のままになるかを記録する。

2 いろいろな液体のビタミンCを調べる

⚠注意 包丁や
器具でけがをし
ないように気を
つけよう！

同じ果物や同じ
原料のジュース
でも、結果が異
なる場合がある
よ。

容器や割りばし
は、1回使うごと
に水道水できれ
いに洗うこと。

1 調べる液体を以下のようにそろえ、実験の手順1と同じようにヨウ素液を1滴ずつ加え、
液体が青紫色のままになるまでの滴数を調べ、記録する。

レモンなどの汁の多いもの

半分に切って果汁をしぼる。

レモン果汁は
次の実験でも
使うので多めに
つくる。

ダイコンやリンゴなど

おろし器でおろして、
キッチンペーパーで
こし、汁だけにする。

ジュースや牛乳など

そのまま使う。

	青紫色になった滴数
レモン果汁	○滴
ダイコンの汁	○滴
レモンティー（A社）	○滴
お茶（B社）	○滴

3 加熱したレモン果汁にビタミンCがどのくらいふくまれているかを調べる

実験の手順3、4
では比較するた
めに、必ず実験の
手順2でつくった
果汁を使うこと。

⚠注意 加熱す
るときは耐熱容
器を使おう。ま
た、加熱したレモ
ン果汁は、熱いの
で気をつけよう！

1 実験の手順2でしぼったレモン果
汁の半分を、電子レンジで十分に
加熱してから冷まし、実験の手順1
と同じように青紫色のままになる
までの滴数を調べる。

ふきこぼれない程度
に加熱する。

2 実験の手順2のレモン果汁と結果を比べる。

4 古いレモン果汁にビタミンCがどのくらいふくまれているかを調べる

1 実験の手順2でしぼった残り半分のレモン
果汁を5日ほど置いておき、実験の手順1と
同じように青紫色のままになるまでの滴数
を調べ、実験の手順2のしぼりたてのレモ
ン果汁と結果を比べる。

実験の手順2でレモ
ン果汁をとっておく
のを忘れないようにね！

⚠ 注意 ヨウ素液を入れたジュースや果汁などは飲まないこと！

このレポートはひとつの例です。
実際には、自分で行った実験の結果や考察を書きましょう。

ビタミン C の検出実験

〇年〇組　〇〇〇〇

研究の動機と目的

免疫力を高めたり、血管や骨をじょうぶにしたりするビタミンCは、身近なさまざまな食品にふくまれているそうだ。食品にビタミンCがふくまれているかどうかは、比較的簡単に調べることができるそうなので、試してみようと思った。

準備したもの

＊ビタミンCサプリメント（1錠中350 mgのビタミンCをふくむ）
＊ヨウ素液（うがい薬）　＊水　＊レモン　＊ダイコン　＊アセロラジュース
＊小さじ　＊お茶　＊レモンティー　＊白い小皿　＊コップ　＊おろし器
＊計量カップ　＊ボウル　＊かたくり粉　＊割りばし　＊計量スプーン　＊スポイト

実験1　**ビタミンCのサプリメントにふくまれるビタミンCについて調べた**

> **方法**
(1) 400 mLの水をボウルに入れ、ビタミンCのサプリメントを1錠とかしてビタミンC溶液をつくった。
(2) 白い小皿にビタミンC溶液を小さじ2杯（10 mL）とった。
(3) (2)にかたくり粉を小さじ$\frac{1}{2}$杯加え、割りばしで混ぜた。
(4) 割りばしで混ぜながらヨウ素液を1滴ずつたらし、20〜30秒混ぜても色が消えずに青紫色のままになるときの滴数を記録した。
(5) ビタミンC溶液のかわりに水を使い比較した。

> **結果**　ヨウ素液を34滴たらすと、青紫色のままになった。

実験2　**いろいろな液体のビタミンCについて調べた**

> **方法**　実験1と同じようにして、レモン果汁、ダイコンの汁、アセロラジュース、お茶、レモンティーなどの液体でヨウ素液が青紫色のままになるまでの滴数を調べ、記録した。

> **結果**　次の表のようになった。

	青紫色になった滴数
レモンティー(A社)	10
お茶(B社)	20
アセロラジュース(C社)	24
ダイコンの汁	12
レモン果汁	25

実験3 **加熱したレモン果汁のビタミンCについて調べた**

> 方法　実験2でしぼったレモン果汁を電子レンジで十分に加熱してから冷まし、実験1と同じ手順で、ヨウ素液を入れて青紫色のままになるまでの滴数を調べた。

> 結果　右の表のようになった。

	青紫色になった滴数
加熱しないレモン果汁	25
加熱したレモン果汁	40

実験4 **古いレモン果汁のビタミンCについて調べた**

> 方法　実験2でしぼったレモン果汁を5日ほど置いておき、実験1と同じ手順で、ヨウ素液を入れて青紫色のままになるまでの滴数を調べた。

> 結果　右の表のようになった。

	青紫色になった滴数
しぼりたてのレモン果汁	25
古くなったレモン果汁	18

(まとめ)

実験の結果をまとめると、次の表のようになった。

	青紫色になった滴数			青紫色になった滴数
ビタミンC溶液	34		ダイコンの汁	12
レモンティー(A社)	10		レモン果汁	25
お茶(B社)	20		加熱したレモン果汁	40
アセロラジュース(C社)	24		古くなったレモン果汁	18

（考察）

（1）この実験では、10 mL中のビタミンCの量が多いほど、多くのヨウ素液を加えないと青紫色にならない。この原理より、実験1、2で調べた食品について、10 mL中のビタミンCが多い順に並べると、次のようになると考えられる。

　　　ビタミンC溶液　　　レモン果汁　　　アセロラジュース　　　お茶（市販のもの）
　　　ダイコンの汁　　　レモンティー（市販のもの）

（2）実験3では、ビタミンCを加熱したら、ビタミンCの量がふえた。これは、加熱によって水が蒸発したためにビタミンCが濃くなったためではないかと思う。

（3）実験4から、ビタミンCは時間がたつと減るのだと思った。しかし、インターネットで調べてみると（※）、減ったのではなく、ヨウ素液と反応しない形に変化したということのようだ。

※実際にレポートを書くときは、参考にしたサイトのURLを記しましょう。

サイエンスセミナー

ビタミンCとヨウ素の反応

　物質が酸素と結びついたり、水素原子や電子をうばわれたりすることを酸化といい、酸化した物質を酸化物といいます。うがい薬にふくまれるヨウ素は、相手を酸化しやすい性質をもっています。このようにほかの物質を酸化させるはたらきがある物質を酸化剤といいます。

　一方、酸化物から酸素がうばわれたり、物質が水素原子や電子と結びついたりすることを還元といいます。ビタミンCは、相手を還元させやすい性質をもっています。このように、相手を還元させやすい物質を還元剤といいます。

　かたくり粉の入った水にヨウ素液を入れると、通常はヨウ素デンプン反応が起こって青紫色に変化します。ところが、そこにビタミンCが入っていると、ヨウ素とビタミンCが強く反応してビタミンCが酸化されます。同時にヨウ素は還元されて、ヨウ化水素という無色の物質に変化するのです。

　さらに、ヨウ素液を加えていくと、ビタミンCが足りなくなって、還元されないヨウ素が、かたくり粉と反応して青紫色になるのです。

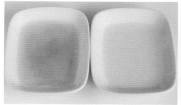

©kin's

ビタミンCの溶液にデンプンを混ぜ、ヨウ素液をたらしたもの。左の皿は、ヨウ素液が多くなり青紫色に変わった。

さまざまな液体のビタミンCの量を計算してみよう

ビタミンCのサプリメントにふくまれるビタミンCの量と、加えたヨウ素液の量をもとに、さまざまな液体にふくまれるビタミンCの量を求めてみましょう。

計算1 **ビタミンC溶液10 mLにふくまれるビタミンCの量を求める**

ビタミンC溶液10 mLにふくまれるビタミンCの量〔mg〕

= 1錠にふくまれるビタミンCの量〔mg〕÷とかした水の量〔mL〕×10 mL

例：実験の数値をもとに計算すると…

（1錠中に350 mgのビタミンCがふくまれているサプリメントを使用した場合）

350 mg÷400 mL×10 mL＝8.75 mg

計算2 **1 mgのビタミンCと反応するヨウ素液の量を求める**

$$1\text{ mgのビタミンCと反応するヨウ素液の量〔滴〕}=\frac{\text{色が変わるまでのヨウ素液の量〔滴〕}}{\text{ビタミンC溶液10 mLにふくまれるビタミンCの量〔mg〕}}$$

例：実験の数値をもとに計算すると…

34滴÷8.75 mg＝3.885…滴

計算3 **実験した液体10mLにふくまれるビタミンCの量を求める**

$$\text{液体10mLにふくまれるビタミンCの量〔mg〕}=\frac{\text{色が変わるまでのヨウ素液の量〔滴〕}}{\text{1mgのビタミンCと反応するヨウ素液の量〔滴〕}}$$

例：実験1、2の数値をもとに計算すると、次のようになる。

レモンティー：10÷3.89＝2.57…mg

お茶：20÷3.89＝5.14…mg

アセロラジュース：24÷3.89＝6.16…mg

ダイコンの汁：12÷3.89＝3.08…mg

レモン果汁：25÷3.89＝6.42…mg

※この計算は一例です。実際にはメーカーや製品などによって数値が異なるので、自分で行った実験結果をもとに計算しましょう。

ワンポイント！
- ●ふつう市販されているヨウ素入りうがい薬には、1 mLに7 mgの有効ヨウ素がふくまれている。このことから、1滴を約0.05 mLと考えて、何mgのヨウ素と何mgのビタミンCが反応したかを求めることもできる。
- ●結果を表にまとめるとわかりやすい。

サイエンスセミナー

食品にビタミンCを加えるわけ

　食品の多くは酸化すると傷み、品質が落ちます。還元剤であるビタミンCには、自身が酸化することで、周囲の物質が酸化するのを防ぐはらきがあります。そのため、お茶などには食品添加物としてビタミンCが加えられているのです。

　ところが、ビタミンCは空気中の酸素などと反応して、時間とともに酸化してしまいます。すると、ほかの物質を還元するはたらきは失われてしまいます。このように酸化したビタミンCを「酸化型ビタミンC」といいます。

食品のにおいで
カビ防止

【研究のきっかけになる事象】
わさびなどの成分を利用した抗菌剤が弁当などの保存に使われている。

【実験のゴール】
わさびのようににおいの強い食品を使って、カビを防ぐ効果があるかを調べてみよう。

用意するもの
- ▶食パン　▶プラスチックコップ　▶トレー
- ▶レモン　▶粒こしょう　▶パセリ　▶小さじ
- ▶チューブ入りのわさび、からし、ニンニク
- ▶ラップフィルム　▶輪ゴム　▶割りばし
- ▶厚紙　▶カッター　▶アルミニウムはく　など

実験の手順　**準備** 観察するパンを準備する

1 食パンを切り分けたものを、7個用意する。

パンのかわりにもちを使うこともできるよ。そのときは、もちの表面を水をふくんだティッシュペーパーで湿らせておくよ。

みみをとり除き、3cm角くらいの大きさに切る。

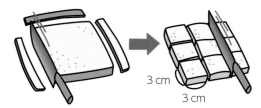

3 cm
3 cm

2 パンにカビの胞子をつけるため、パンを30分間放置する。

カビの胞子は空中をただよっている。

トレーなどの上に置き30分間放置する。

---

3 厚紙で、パンを置く台を7つつくる。

生のニンニクを使うときは、きざんで使うよ。

⚠**注意**　包丁を使うときは、手を切らないように気をつけよう。

厚紙をコの字形に曲げる。

2.5 cm
2 cm
2 cm

4 においの強い食品を用意し、それぞれアルミニウムはくの上にのせる。

小さじ $\frac{1}{2}$ 程度の量

アルミニウムはくを小さく切って縁を立ち上げる。

レモンの皮やパセリは細かくきざむ。水分は切っておく。

パンとにおいの強い食品をいっしょに入れたコップを観察する

1 7つのプラスチックコップを用意し、そのうち6つには用意したにおいの強い食品をアルミニウムはくごと入れ、その上に厚紙でつくった台をそれぞれかぶせる。残り1つは厚紙の台とアルミニウムはくのみを入れる。

パンとわさびなどが直接ふれないようにするよ。

| わさび | からし | ニンニク | 粒こしょう | きざんだ
レモンの皮 | きざんだ
パセリの葉 | なし |

2 コップの中の台の上にパンを1つずつ割りばしでそっと置き、ラップフィルムでふたをして輪ゴムでとめる。クーラーのきいていない部屋に、たおれないように置いておく。

台の上にパンを1つずつ割りばしでそっと置く。

まとめて箱などに入れておくとよい。

カビの成長は最初は遅くても、急に速くなるよ。毎日かかさずに観察しようね。

実験が終わったら、カビの生えたパンはビニル袋などに入れて密封してきまりに従って捨てよう。

3 記録する用紙を用意する。毎日観察して変化を記録し、1週間程度続ける。割りばしでパンを裏返して、裏側にカビが生えていないかも確認する。

点のようだったカビが1円玉くらいに広がった。

実験の注意とポイント

● チューブ入りの商品は、メーカーや鮮度によって成分がちがうため、予想通りの結果が出ないこともあるよ。
● 空気中にはいろいろなカビの胞子があるけれど、そのときの環境やパンの状態によってカビの種類や生え方は異なるよ。乾燥している時期に実験をするときは、霧吹きなどでパンを軽く湿らせておくといいよ。

このレポートはひとつの例です。
実際には、自分で行った実験の結果や考察を書きましょう。

食品のにおいでカビを防ぐ実験

〇年〇組　〇〇〇〇

研究の動機と目的

わさびなどのにおいの強い食品には、ほかの食品を傷みにくくする効果があると聞いた。もしかすると、カビを防ぐ効果もあるかもしれないと思い、パンを使って実験してみることにした。

 準備したもの

＊食パン　＊プラスチックコップ　＊ラップフィルム　＊輪ゴム　＊小さじ
＊割りばし　＊厚紙　＊アルミニウムはく　＊レモン　＊ねりニンニク
＊パセリ　＊粒コショウ　＊ねりわさび　＊ねりがらし

- -

実験1

＞方法

(1) 3cm角程度に切った食パンを7個用意し、カビの胞子をつけるために、30分ほど放置した。

(2) アルミニウムはくを皿にしたものを6つ用意し、においの強い食品を小さじ $\frac{1}{2}$ 程度置いた。

(3) 7つのコップを用意し、そのうち6つのコップには、においの強い食品を入れ、残りの1つのコップには何も入れずにアルミニウムはくの皿をおいた。そして、それぞれに厚紙でつくった台をかぶせ、切ったパンをのせた。

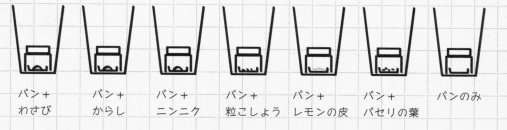

| パン＋
わさび | パン＋
からし | パン＋
ニンニク | パン＋
粒こしょう | パン＋
レモンの皮 | パン＋
パセリの葉 | パンのみ |

(4) 乾燥しないように、ラップフィルムと輪ゴムでふたをして、クーラーのきいていない部屋に置き、6日間観察して記録した。

> 結果　　次の表のような結果となった。

×=変化なし　△=少しカビが生えた　〇=たくさんカビが生えた

	1日後	2日後	3日後	4日後	5日後	6日後
わさび	×	×	×	×	×	×
からし	×	×	×	×	×	×
ニンニク	×	×	×	×	×	×
粒こしょう	×	×	×	△	△	△
レモンの皮	×	×	×	△	△	〇
パセリ	×	×	×	△	△	〇
なし	×	×	△	△	〇	〇

パンに生えたカビのようす（6日後）

粒こしょうを
入れたコップ

レモンの皮を
入れたコップ

パセリを
入れたコップ

パンのみのコップ

- -

（まとめ）

・「ねりわさび」「ねりがらし」「ねりニンニク」を入れたパンにはカビが生えなかった。

・粒こしょうを入れたパンでは、4日後にカビが生え始めたが、その後のふえ方がレモンやパセリに比べて少なかった。

・レモンとパセリを入れたパンは、何も入れないよりはカビが生えるのが遅かった。

・生えてきたカビは、入れた食品によって種類がちがうように思える。

カビの正体

カビはキノコと同じく、真菌とよばれる生物で、世界中に5万種以上が知られています。菌糸という糸状のからだをしていて、胞子をつくり、空気中に散布することでなかまをふやしていきます。空気中にただよう胞子は肉眼では見えませんが、生育に必要な条件がそろっているところに着くと、菌糸をのばして成長します。

カビは種類によって育つ環境が異なりますが、必ず育つには、食品などからとる栄養、水、温度、酸素の4つが必要です。

パンの表面がなんとなく白っぽく変色しているときなどが、パンについた胞子が菌糸をのばして横に広がっている状態です。その後、胞子を飛ばすために菌糸を上にのばしていきます。このときが、わたしたちが目にするカビが生えた状態です。青や赤は胞子が集まっている色です。

カビは、食品を傷めたり、動植物などの病気の原因になったりします。しかし、その一方で薬のペニシリンの原料になる青カビなど、有用な種類もあります。

アオカビ（顕微鏡写真）

©OPO

アオカビの成長のようす

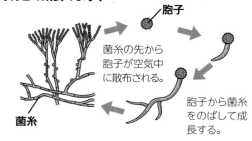

胞子

菌糸の先から胞子が空気中に散布される。

胞子から菌糸をのばして成長する。

菌糸

植物がもつ、菌をおさえる力

わさびをすりおろすと、ツンとした香りがします。これは強い辛み成分で、この成分がカビなどの繁殖をおさえるのです。すしなどにわさびを用いるのは、味をひきしめるだけでなく、食品の傷みを防ぐ目的もあるのです。からしにもわさびと同様の成分がふくまれていて、カビの成長を防ぐ効果があります。からしの原料となるカラシナは、わさびやダイコンと同じアブラナ科の植物です。ニンニクも、きざむと強いにおいとともに抗菌作用のある成分が発生します。

これらの成分は、もともとは植物が自らの成長や繁殖を病原菌や虫などから守るために備えたものです。人びとは昔からこのような植物のはたらきを自分たちの食生活に活用してきました。すしにわさびを入れたり、シソの葉で包んだりすることは味覚だけでなく、長く安全に食べるための工夫なのです。

辛いけれど、これがきくんだな～！

発展研究

わさびの置き方によるカビの生え方の実験

61ページの実験でカビが生えなかった、わさびを使って実験します。わさびを置く位置や置き方によって、カビの生え方にちがいが出るかどうか実験してみましょう。

準備 食パン、チューブ入りのわさび、大きめの箱、プラスチックコップ、ラップフィルム、輪ゴム、アルミニウムはく、厚紙

方法 パンを3cm角程度の大きさに切り、Aでは容器のふたがあるかどうか、Bではわさびからの距離でカビの生え方を比較する実験を行う。

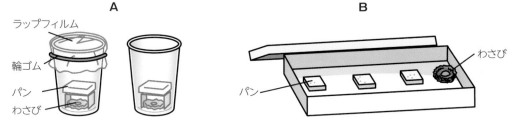

結果 Aでは、ふたをしなかったものはカビが早く生えた。Bでは、わさびから遠く置いたものほど早くにカビが生えた。

ワンポイント！ ●容器のふたの有無では、湿度の状態などにより、ふたをしたもののほうがカビが早く生える結果になることもある。予想とちがう結果が出たときは、原因と考えられることを考察に書く。

カビが生えやすい条件を調べる実験

温度や湿度を変えて、カビが生えやすい条件を探ります。

準備 プラスチックコップ、食パン、ラップフィルム、輪ゴム、乾燥剤、脱脂綿、冷蔵庫など

方法 プラスチックコップに3cm角程度に切ったパンを入れ、ラップフィルムでふたをしたものを次のA〜Eの状態に置き、1週間程度観察して記録する。

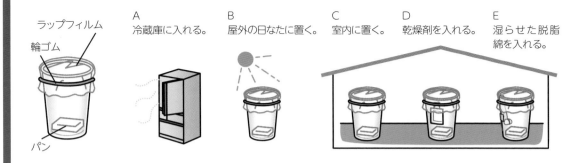

結果 温度が高く、湿っているほどカビが生えやすい。冷蔵庫に入れたり、乾燥している状態にしたりすると、カビは1週間生えなかった。

ワンポイント！ ●レポートには、パンを入れたコップをどのような状態に置いたかをくわしく書くこと。条件のちがいを明確にすることで、結果に対する考察が書きやすくなる。
●結果を表にまとめるとわかりやすい。

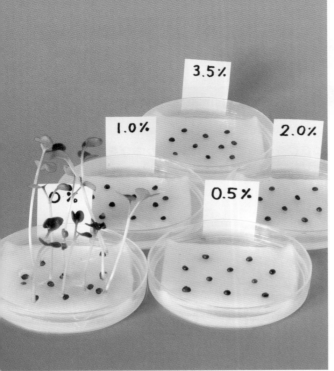

植物の育ちと塩分の関係調べ

【研究のきっかけになる事象】
海岸では、台風などで海水につかった植物が枯れてしまうことがある。

【実験のゴール】
植物に塩分をふくむ水を与えて、塩分の濃度によって植物の成長にどんな影響があるのか調べてみよう。

用意するもの
▶食塩　▶水　▶カイワレダイコンの種子
▶セロリ　▶脱脂綿　▶はかり
▶ペットボトル　▶小皿　▶スポイト
▶はさみ　▶カッター　▶油性ペン
など

実験の手順

1 ｜ 塩分は植物の発芽にどう影響するのか調べる

1 海水の塩分濃度である約3.5％を最も高い値として、スポイトを用いて濃度の異なる食塩水を500ｇずつつくる。

食塩水の入ったペットボトルには、まちがえないように、ラベルをはっておこう。

3.5％食塩水	2.0％食塩水	1.0％食塩水	0.5％食塩水

水482.5ｇに17.5ｇの食塩をとかす。　490ｇの水に10ｇの食塩をとかす。　495ｇの水に5ｇの食塩をとかす。　497.5ｇの水に2.5ｇの食塩をとかす。

2 5つの小皿に脱脂綿をしき、それぞれ用意した食塩水と真水でひたす。その上にカイワレダイコンの種子を10粒ずつまく。

まく種子は、小さいものや割れているものを除いて選んでね。

3 皿を日光が直接当たらない明るい室内に置き、脱脂綿が乾かないようにそれぞれの液体を補充しながら発芽のようすを観察する。

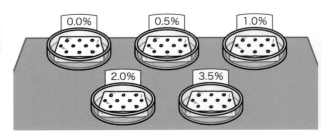

2 塩分は植物の成長にどう影響するのか調べる

時間を節約するために、実験の手順1と2を同時に始めるといいね。

1 5つの小皿に水でしめらせた脱脂綿をしき、それぞれに種子を10粒ずつまいて、発芽させる。

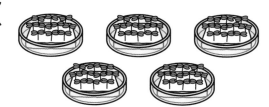

2 種子が発芽し、子葉が開いたら、次のように塩分濃度の異なる液を補充（ほじゅう）していく。

3.5%食塩水　　2.0%食塩水　　1.0%食塩水　　0.5%食塩水　　水のみ

3 1週間ほどそれぞれの液を補充しながら観察し、記録する。

3 海水と真水は植物にどう吸収されるか調べる

⚠️**注意**　ペットボトルを切るときは、手を切らないように気をつけよう！

 1 同じ程度に葉をつけたセロリを2本用意する。

2 ペットボトルを切ってつくった容器を2つ用意する。一方に水、もう一方に海水と同じ濃度の3.5％の食塩水をそれぞれ500ｇ入れる。

食紅で水に色をつけておくと、葉の裏や先に水が届いたことがわかるよ。

3 2本のセロリをそれぞれの容器に入れ、水面の高さに印をつけて、1日置いておく。

4 葉や茎（くき）のようす、水の減り方を観察する。

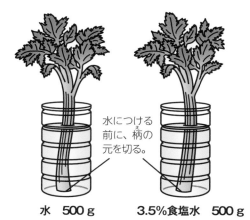

水につける前に、柄（え）の元を切る。

水　500ｇ　　　3.5％食塩水　500ｇ

実験の注意とポイント

● 種子は割れたものや小さすぎるものは避（さ）けよう。
● 温度や明るさなど、水以外の条件は同じになるようにしておこう。

水の塩分と植物の育ち

〇年〇組　〇〇〇〇

研究の動機と目的

　乾燥した土地では、地中の塩分濃度が高くなり、作物が育ちにくくなるという。また津波などで、海水をかぶった土地では再び作物をつくれるようになるまで十年以上もかかるという。海水では、どうして植物が育ちにくいのか、どの程度の塩分濃度なら成長することができるのか実験してみようと思った。

準備したもの
＊食塩　＊水　＊カイワレダイコンの種子　＊セロリ　＊スポイト
＊脱脂綿　＊はかり　＊ペットボトル　＊小皿

実験1　**発芽可能な塩分濃度を調べた**

＞方法　塩分濃度の異なる液をつくり、カイワレダイコンの種子をまいて観察する。
　　　　塩分濃度は海水が約3.5％なので、0～3.5％で比較することにした。
（1）0.5％、1.0％、2.0％、3.5％の食塩水をそれぞれ500ｇつくった。
（2）小皿を5枚用意し、下の図のようにそれぞれに濃度の異なる液をふくませた
　　　脱脂綿をしいて、カイワレダイコンの種子を10粒ずつまいた。
（3）それぞれの液を補充しながら発芽のようすを観察した。

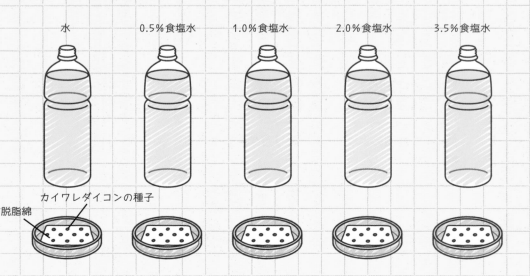

水　　　　　　0.5％食塩水　　　1.0％食塩水　　　2.0％食塩水　　　3.5％食塩水

カイワレダイコンの種子
脱脂綿

> 結果　　以下の表のように、カイワレダイコンの種子は、まいた翌日には水だけのものに
　　　　発芽が見られたが、食塩水を使ったものはすべて発芽しなかった。

	塩分0%（水）	塩分0.5%	塩分1.0%	塩分2.0%	塩分3.5%
1日後	9つの種子が発芽している。	発芽せず。	発芽せず。	発芽せず。	発芽せず。
3日後	すべて発芽。大きいものは5mmに成長。	2つの種子にわずかに根が出ている。	発芽せず。	発芽せず。	発芽せず。
5日後	茎は3cmくらいにのび、葉の緑色も濃くなった。	3日後と変化なし。	発芽せず。	発芽せず。	発芽せず。
7日後	成長を続けている。	3日後と変化なし。	発芽せず。	発芽せず。	発芽せず。

- -

実験2　**発芽後に食塩水を与（あた）えるとどうなるかを調べた**

> 方法　　(1) 5つの小皿を用意し、すべて水だけでカイワレダイコンを発芽させた。
　　　　(2) 子葉が開いたところで、それぞれ水、0.5%、1.0%、2.0%、3.5%の食塩水
　　　　　　を与えて、成長のようすを観察した。

水　　　　　0.5%食塩水　　　1.0%食塩水　　　2.0%食塩水　　　3.5%食塩水

> 結果　　成長を続けたのは水を与えたものだけだった。食塩水を与えたものは、
　　　　その濃度が高いほどうまく育たなかった。

水と食塩水では吸収のされ方がちがうのかを調べた

> 方法 （1）水500gを入れた容器と3.5％の食塩水500gを入れた容器を用意し、それぞれに同じくらいの葉がついたセロリをさしておいた。

（2）そのまま1日置いて、翌日に葉などのようす、水の減り具合などを観察した。

> 結果 1日置くと、2つのセロリは、以下のように明らかにちがう結果となった。

	塩分0％（水）	塩分3.5％
葉などのようす	 生き生きとして元気がよい。	 葉はしおれ、葉の柄はやわらかくなっている。
水の量	蒸発もふくめて60gの水が減った。	蒸発もふくめて6gの食塩水が減った。

（考察）

　　塩分濃度0.5％のごくうすい食塩水にひたしても、カイワレダイコンのような植物が育つのは難しいことがわかった。また、実験の結果と本などで調べたことをあわせて考えると（※）、植物が塩分によってしおれてしまうのは、吸水をさまたげられて、必要な水分が得られないことが大きな原因と考えられる。

※実際にレポートを書くときは、参考にした本の書名を記しましょう。

塩分の影響と土地の荒廃

　食塩（塩化ナトリウム：NaCl）は塩化物イオン（Cl⁻）とナトリウムイオン（Na⁺）とが結びついています。このように酸とアルカリが中和したときに酸の陰イオンとアルカリの陽イオンが結びついてできた物質を塩といいます。

　雨がよく降る土地では、塩類が水にとけて地下深くへ移動していきます。ところが、雨の少ない乾燥した地域では、地表で激しい水の蒸発が起こるので、逆に土中の水とともに塩類が地表に上がってきます。オーストラリアやアフリカなどの乾燥した地域で、このようにして表面が白っぽくなった土地を見ることができます。

　塩類によって農作物に被害が及ぶことを「塩害」といいます。塩害は乾燥地で起こるだけでなく、海面上昇や過剰な地下水のくみ上げで、塩分が地表近くまで上がってくることによっても起こります。また、津波や高潮によって土地が塩水をかぶって起こることもあります。塩害が発生すると植物は育ちにくくなり、土壌の回復には時間がかかります。乾燥地などでは特に、土地が荒廃してしまいます。

塩分に強い植物

　塩分によって植物の成長が妨げられるのはどうしてでしょう。大きくは2つのことが考えられます。

(1) 植物の細胞に塩分が入りこみ、害を与える…多くの植物はもともと塩分を必要としていません。細胞に塩分が入りこむと、バランスがくずれて、活動に障害が出てくるのです。

(2) 成長に必要な水を細胞に取りこめない…植物は「浸透圧」という力で外の水を細胞の中へ取りこみます。浸透圧とは、うすい液体が小さなあなのあいた膜の向こう側にある濃い液体のほうへ入りこもうとする力です。もし、細胞膜の外側の液体が食塩水のように濃くなってしまうと、浸透圧の力が弱くなり、植物の成長に必要な水が細胞膜内に入ってこなくなります。セロリを使った実験3で、水を吸い上げることができなくなったのはこのためです。これは、化学肥料を使いすぎたときにも起こります。

　沖縄の海岸などでマングローブ林を形づくるオヒルギやメヒルギは、さまざまなしくみによってからだの塩分を調節しています。からだにたまった塩分を葉などにためて、それを落とすことによって塩分をはき出すしくみももっています。

潮が引いているときのマングローブ林（左）と実をつけたメヒルギの木（右）。メヒルギの実は海中に落ちて漂い、分布を広げる。

植物の水の通り道

　セロリをさした水に色をつけておき、その茎（正しくは葉の柄）の断面を見ると、吸い上げた水の通り道に色がつきます。この部分が「道管」です。よく見ると栄養分の通り道である「師管」が道管といっしょに束になっています。この束を「維管束」といい、茎で維管束が輪のように並んでいるのが、双子葉類の特徴です。

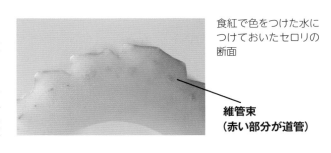

食紅で色をつけた水につけておいたセロリの断面

維管束
（赤い部分が道管）

71

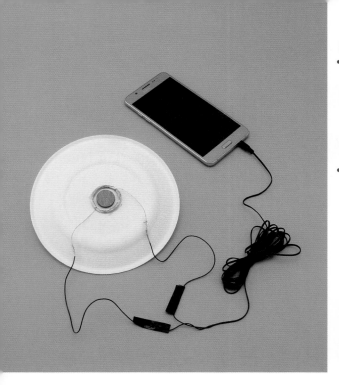

自作スピーカーの性能比べ

【研究のきっかけになる事象】
身近にある紙皿と磁石を使ってスピーカーをつくることができる。

【実験のゴール】
スピーカーをつくり、どのようにするとよく聞こえるのか、いろいろな条件を変えて調べてみよう。

用意するもの
- ▶ エナメル線　▶ 不要になったイヤホン　▶ 紙皿
- ▶ フェライト磁石（ネオジム磁石などでも可）
- ▶ 接着剤　▶ はさみ　▶ ビニルテープ　▶ ものさし
- ▶ セロハンテープ　▶ 紙やすり　▶ 両面テープ
- ▶ 音源（携帯音楽プレイヤーや携帯電話など）

実験の手順

準備｜スピーカーをつくる

リード線のビニルをむくときに中の導線を切らないように注意してね。

イヤホンの種類によっては使えないものもあるよ。なお、リード線の中の導線が塗装されているときは、目の細かい紙やすりで塗装をはがすと使えることがあるよ。

磁石がなければ冷蔵庫やホワイトボードなどに貼る磁石を外して使えるよ。

1 イヤホンのリード線を根元から切り、ビニルをむく。

1.5 cmくらい

リード線

イヤホン

プラグ

よじっておく

2 エナメル線を50回巻いてコイルをつくる。

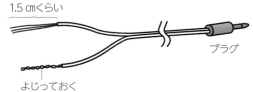

磁石　電池など

用意した磁石よりもひとまわり大きなものに巻く。

ゆっくりくずれないようにはずし、ばらけないようにセロハンテープでとめる。

3 イヤホンのリード線とコイルを接続する。

こする。

エナメル線の両端を紙やすりでこすってエナメルをはがす。

よりあわせる。

よりあわせてビニルテープをがっちり巻く。

4 紙皿の中央に磁石とコイルを貼りつける。

磁石は両面テープで貼りつける。

磁石　　　　　紙皿のうら

コイルは接着剤（速乾木工用ボンドなど）で貼りつける。

コイルを貼りつけるとき、コイルと磁石が直接ふれないように注意する。

5 携帯音楽プレイヤーなどの音源を用意し、イヤホンさし込み口に紙皿スピーカーのプラグをさし込み、音量を最大にして聞いてみる。

紙皿スピーカーから出る音はとても小さいよ。

---

1 コイルの巻数とスピーカーの性能の関係を調べる

1 25回、50回、100回の3つの巻数のコイルのとき、紙皿スピーカーから出る音はどのようになるかをそれぞれ調べる。

25回巻き　　50回巻き　　100回巻き

50回巻きのコイルは前の段階でつくっているので、25回巻きのコイルと100回巻きのコイルをつくる。コイルと磁石の間のすきまの広さが変わらないように注意する。

---

2 コイルと磁石の間のすきまの広さとスピーカーの性能の関係を調べる

1 コイルと磁石の間のすきまの広さを変えたとき、紙皿スピーカーから出る音はどのようになるかをそれぞれ調べる。このときのコイルの巻数やエナメル線の長さはそろえる。

例では、すきまの広さを1mm、5mm、10mmと変えているけれど、すきまの広さは変わってもいいよ。あくまで目安と考えてね。

コイルの巻数は実験の手順1で音がもっとも大きく聞こえたものを選ぶといいよ。

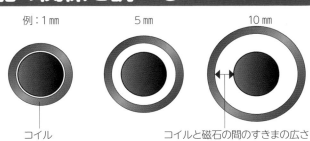

例：1mm　　　5mm　　　10mm

コイル　　　　コイルと磁石の間のすきまの広さ

実験の注意とポイント

- フェライト磁石を重ねると、音は大きくなるよ。
- 紙皿にコイルを貼るとき、接着剤（木工用ボンドなど）がなかったらセロハンテープで貼りつけても大丈夫だよ。
- 紙皿は直径18cmくらいのものがちょうどいいよ。紙皿がないときは郵便はがき（100mm×148mmくらいの厚紙）でもできるよ。

自作スピーカーの性能研究

○年○組　○○○○

研究の動機と目的

　身近な材料からスピーカーがつくれることを知り、紙皿と磁石を使ってスピーカーをつくってみた。そして、コイルの巻数、コイルと磁石の間のすきまの広さをいろいろ変えて、性能を上げる研究をした。

準備 したもの

＊エナメル線　＊不要になったイヤホン　＊紙皿　＊フェライト磁石
＊木工用ボンド　＊はさみ　＊ビニルテープ　＊セロハンテープ　＊紙やすり
＊両面テープ　＊携帯音楽プレイヤー　＊ものさし

- -

実験準備　スピーカーの製作

1.5 cmくらい

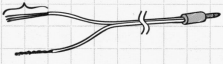

>**方法**
(1) スピーカー用さし込みプラグとして家にあったイヤホンを利用した。耳に入れる部分を取り去り、さし込みプラグとリード線だけにした。

(2) 乾電池にエナメル線を巻きつけて輪にしてコイルをつくり、リード線と接続した。

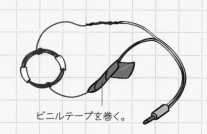

ビニルテープを巻く。

(3) 両面テープで紙皿の中央に磁石を貼り、貼りつけた磁石とふれないように、木工用ボンドで紙皿にコイルを貼りつけた。（紙皿スピーカーの完成）

(4) 携帯音楽プレイヤーのイヤホンさし込み口に紙皿スピーカーのプラグをさし込み、音量を最大にして聞いた。

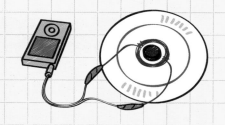

実験1 コイルの巻数とスピーカーの性能の関係を調べた

>方法 （1）25回、50回、100回巻きの3つの巻数のコイルでスピーカーをつくった。
このとき、変える条件はコイルの巻数のみで、コイルの内径はすべて同じに
なるようにした。

（2）それぞれで音を出し、聞こえ方を調べた。

>結果

コイルの巻数	25回	50回	100回
音の大きさ	とても小さい	25回より大きい	50回と同じくらい

　　25回巻きのコイルでは、50回巻きのときより明らかに音が小さかった。50回
巻きのコイルと100回巻きのコイルではほぼ同じくらいの大きさの音が出た。

実験2 コイルと磁石の間のすきまの広さとスピーカーの性能の関係を調べた

>方法 （1）1 mm、5 mm、10 mm
と、コイルと磁石の間
のすきまの広さのちが
うコイルでスピーカー
をつくった。
コイルの巻数はすべて
50回巻きとした。
また、エナメル線の長さも同じとした。

（2）それぞれで音を出し、聞こえ方を調べた。

すきま1 mm
磁石
コイル

すきま5 mm　　すきま10 mm
コイルと磁石の間のすきまの広さ

>結果

すきまの広さ	1 mm	5 mm	10 mm
音の大きさ	5 mmより大きい	10 mmより大きい	いちばん小さい

（まとめ）

・実験1では、コイルの巻数は多い方が音は大きくなったが、50回巻きと100回巻きでは
大きな差は感じられなかった。
・実験2では、コイルと磁石の間のすきまの広さがせまいほど音は大きくなった。

（考察）

　　コイルの巻数が多いほど電磁石のはたらきは強くなるということを勉強していたので、
実験1で50回巻きのコイルと、100回巻きのコイルで比べたとき、100回巻きのコイルの

ほうが大きな音が出ると予想していたが、実際は大きな差が感じられなかった。

　今回製作した紙皿スピーカーでは、コイルと磁石が振動することによって音が出ているので、コイルの巻数がふえたことでコイル自体の重さが増し、振動がおさえられて大きな音が出なかったのではないかと考えられる。

サイエンスセミナー

紙皿スピーカーのしくみ

　右の図1は紙皿スピーカーの構造です。紙皿スピーカーでは、まず音楽プレイヤーからコイルへ、リード線を通して音の信号が送られています。この音の信号は電流です。コイルに電流が流れると、コイルは電磁石になります。コイル（電磁石）と磁石が引き合ったり反発したりすることで紙皿が振動し、その振動が空気を伝わって音として聞こえます。

　ためしに実験で切り落とした市販のイヤホンを分解してみると、図2のようになっています。このイヤホンでは、ドーナツ形の磁石の中心にコイルを配置しています。これはコイルがうまく振動するようにするためです。磁石はかたい本体フレームに固定されているので動かず、効率よくコイルを振動させます。

　また、コイルは振動をより空気に伝えやすいように振動板に貼りつけてあります。このように、市販のイヤホンではさまざまな工夫がされていることがわかります。

　磁界の中にコイルを配置して電流を流すことでコイルとコイルについている振動板を振動させて音を出すしくみのスピーカーをダイナミックスピーカーといいます。

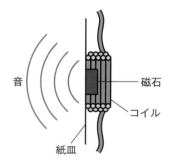

図1　紙皿スピーカーの構造

図2　市販のイヤホンの構造

発展研究

いろいろなものをスピーカーにする実験

いろいろな素材や大きさのものにコイルと磁石を取りつけてスピーカーをつくり、音の大きさや音の質（音質）について調べます。

準備 73ページの実験の手順1、2で最も大きな音が出た組み合わせのコイルと磁石、携帯音楽プレイヤー（携帯電話）、段ボール箱、ティッシュペーパーの箱、クッキーの空き缶、ガラスのコップ、ステンレスのなべ、セロハンテープ　など

方法
1) 用意したものに磁石とコイルをセロハンテープで貼り付ける。
2) 携帯音楽プレイヤーのイヤホンさし込み口にコイルの先のプラグをさし込み、音楽を流して音の大きさや音質について調べる。

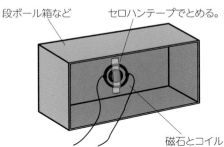

段ボール箱など　　セロハンテープでとめる。

磁石とコイル

結果

もの	段ボール箱	ティッシュペーパーの箱	クッキーの空き缶	ガラスのコップ	ステンレスのなべ
	○	○	○	×	△
音質	深みのあるよい音。	ダンボールよりも低音が小さい。	よく聞こえるが、金属的な高い音。	ほとんど聞こえない。	聞こえるが、金属的な音。音が小さい。

※表中の記号は、よく聞こえる順に○、△、×とした。

ワンポイント！ ●同じ材料でも形状が異なると音質も変わってくる。ステンレスのボウルはなべに比べて底が振動しやすいため、音が比較的大きくなる。

紙コップマイクの性能を調べる実験

紙コップでマイクをつくり、性能を調べます。

準備 73ページの実験の手順1、2で最も大きな音が出た組み合わせのコイルと磁石、紙コップ、ICレコーダー（外部マイク端子がついていて録音機能のある装置）

実験
1) 右の図のように、紙コップの底に磁石とコイルを貼りつけ、紙コップスピーカー（マイク）をつくる。
2) 録音できる装置の外部マイク端子に、つくったマイクのプラグをさし込む。
3) マイクに向かって声を出して録音する。
4) 口とマイクとの距離を大きくしていき、どのくらいまで音が録音できるかを調べる。

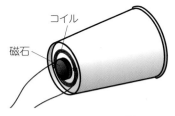

コイル

磁石

外部マイク端子にさし込む。

結果

マイクからの距離	0 cm	5 cm	10 cm
正面から録音したときの聞こえ方	聞こえる。	小さく聞こえる。	聞こえない。

ワンポイント！ ●一定の大きさの声を出すのは難しいので、音を録音して再生できる装置が2つあるなら、声を録音しておいて、それで実験することもできる。

蒸しパンの色はなぜ変わった？

【研究のきっかけになる事象】
紫色のムラサキイモ粉を入れて蒸しパンをつくると、色が変わってしまう。

【実験のゴール】
なぜ蒸しパンの色が変わってしまったのかその原因を調べてみよう。

用意するもの
- ▶ホットケーキミックス　▶ムラサキイモ粉　▶湯
- ▶卵　▶水　▶小麦粉　▶砂糖　▶ブドウ糖
- ▶植物油　▶食塩　▶脱脂粉乳　▶水あめ
- ▶ベーキングパウダー　▶紙製のカップ　▶計量スプーン
- ▶計量カップ　▶ボウル　▶耐熱皿　▶割りばし

実験の手順

1 ホットケーキミックスにムラサキイモ液を加えた生地で、蒸しパンをつくる

1 mL＝1 cc
大さじ1＝15 mL
小さじ1＝5 mL

ムラサキイモ粉は製菓材料専門店などで売っているよ。

加熱時間はようすを見ながら調節しよう。竹串などをさして生地がついてこなければOK。

⚠**注意**　加熱したものは熱いのでやけどに気をつけよう。

ホットケーキミックスの種類によって、色の変化が異なるよ。

1 ムラサキイモ粉大さじ2杯を、湯200 mLに入れてよく混ぜる。この液をムラサキイモ液として使う。

ムラサキイモ粉
大さじ2

湯200 mL

ムラサキイモ液は、使うごとによくかき混ぜる。

2 ホットケーキミックス大さじ4杯に、割りほぐした卵小さじ2杯、ムラサキイモ液大さじ3杯を加え、軽く混ぜる。

ムラサキイモ液
大さじ3

ホットケーキミックス
大さじ4

卵小さじ2

×3　　×4

3 **2** の生地を紙製のカップに入れて、電子レンジ（500 W）で約1分加熱する。

紙製のカップ

⚠**注意**　アルミニウムカップを使うと火花が散って危険。電子レンジで使用できる紙製のカップを使う。

4 加熱前の生地とできた蒸しパンで、色を比較する。

色が変わった！

78

2 蒸しパンの色を変えたものが何かを調べる

1 ホットケーキミックスの原材料を確認する。

原材料は、重量の割合の大きい順にパッケージに表示されている。商品によって原材料は多少異なる。

2 紙製のカップにムラサキイモ液を大さじ1杯入れたものを用意する。カップは、次で調べる材料の個数分用意する。

ムラサキイモ液
大さじ1

3 **2** のカップにそれぞれ次の材料を小さじ1杯ずつ加えて軽く混ぜ、色の変化を調べる。

ここでは一般的なホットケーキミックスにふくまれているおもな材料をあげている。この中から使用したホットケーキミックスに入っている材料を選んで調べよう。

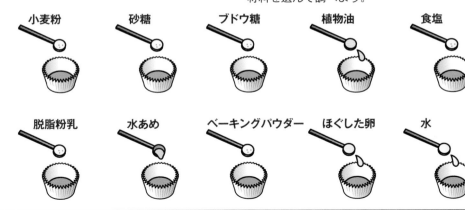

小麦粉　　砂糖　　ブドウ糖　　植物油　　食塩

脱脂粉乳　　水あめ　　ベーキングパウダー　　ほぐした卵　　水

4 それぞれのカップを電子レンジに入れ、500 Wで約30秒加熱し、色の変化を調べる。

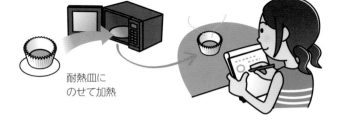

耐熱皿に
のせて加熱

砂糖、ブドウ糖、水あめはどれも甘いものだけど、それぞれ成分が異なるよ。

ブドウ糖は薬局などで売っているよ。かたまり状のものは少しくだいて使おう。

脱脂粉乳はスキムミルクともいうよ。

ベーキングパウダーを加えると泡が出るので、泡をつぶしてから色を確認しよう。

水を入れて調べるのは、色の変化が加えたものによることを確かめるためだよ（対照実験）。

加熱の途中で飛び散ったりするものもあるので、ようすを見ながら加熱しよう。

実験の注意とポイント

- ●ムラサキイモ液は、酸性やアルカリ性のものと反応して色が変化するよ。
- ●卵の卵黄は酸性、卵白はアルカリ性なので、加えたときの割合で酸性・アルカリ性が変わってくるんだ。また、卵が古くなるほど卵白のアルカリ性が強くなるよ。

レポートの実例

このレポートはひとつの例です。
実際には、自分で行った実験の結果や考察を書きましょう。

蒸しパンの色を変えたものを調べる研究　○年○組　○○○○

研究の動機と目的

　ムラサキイモ粉とホットケーキミックスを使って紫色（むらさきいろ）の蒸しパンをつくろうとしたら緑色になってしまった。どうして緑色になってしまったのか、その原因を調べてみることにした。

準備したもの

＊ホットケーキミックス　＊ムラサキイモ粉　＊卵　＊水　＊小麦粉
＊砂糖　＊ブドウ糖　＊植物油　＊食塩　＊脱脂粉乳　＊水あめ
＊ベーキングパウダー　＊紙製のカップ　＊計量スプーン
＊計量カップ　＊ボウル　＊耐熱皿　＊割りばし

実験1　ホットケーキミックスにムラサキイモ液を加えた生地で蒸しパンをつくり、色の変化を調べた

> **方法**

(1) ムラサキイモ粉大さじ2杯を、湯200 mLに入れてよく混ぜた。この液をムラサキイモ液とした。

(2) ホットケーキミックス大さじ4杯に、ほぐした卵小さじ2杯、(1) のムラサキイモ液大さじ3杯を加えて軽く混ぜた。

(3) (2) の生地を紙製のカップに入れ、電子レンジ（500 W）で約1分加熱し、生地とできあがった蒸しパンとで色を比較（ひかく）した。

> **結果**

生地は白っぽい紫色をしていたが、加熱してできた蒸しパンは緑色になった。蒸しパンのところどころに小さな点のように紫色が散らばっていた。

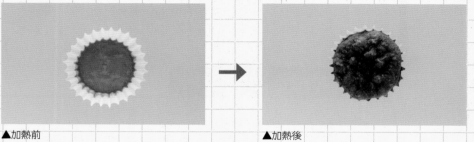

▲加熱前　　　　　　　　　　　　　▲加熱後

80

実験2 **蒸しパンの材料のうち、どの材料によって色が変わったかを調べた**

今回の実験で使ったホットケーキミックスには、次のものが入っていた。

小麦粉、砂糖、ブドウ糖、植物油脂、食塩、脱脂粉乳、水あめ、ベーキングパウダー、乳化剤、香料、カゼインNa、着色料（ビタミンB₂）

これらから、手に入れることのできる材料で調べてみることにした。

>方法
(1) 紙製のカップ10個に、ムラサキイモ液を大さじ1杯ずつ入れた。
(2) それぞれのカップに①小麦粉、②砂糖、③ブドウ糖、④植物油脂、⑤食塩、⑥脱脂粉乳、⑦水あめ、⑧ベーキングパウダー、⑨卵、⑩比較のための水を小さじ1杯ずつ入れ、軽く混ぜて色の変化を調べた。
(3) (2)のそれぞれのカップを電子レンジ（500W）で約30秒加熱したあと、色の変化を調べた。

>結果

加熱前				加熱後			
①	②	③	④	①	②	③	④
⑤	⑥	⑦	⑧	⑤	⑥	⑦	⑧
⑨	⑩			⑨	⑩		

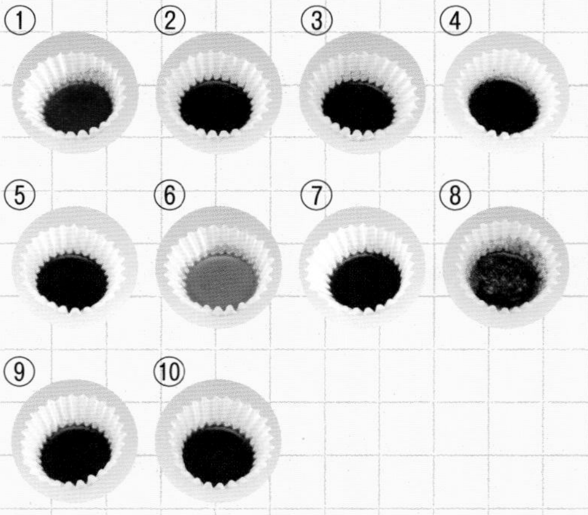

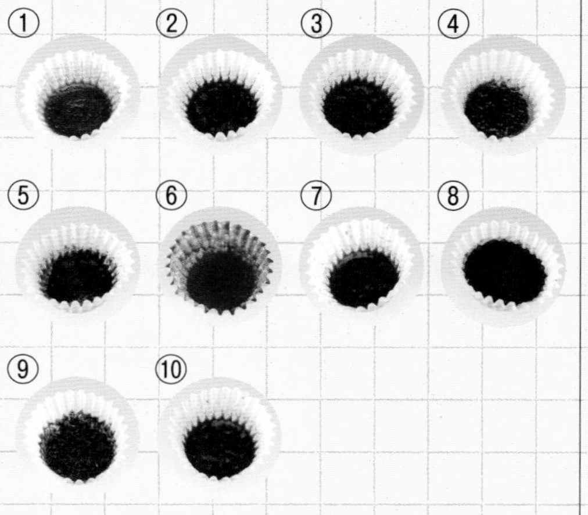

- ⑧ベーキングパウダーをムラサキイモ液に混ぜると泡が出た。泡が消えると少し青っぽい灰色のような色になった。加熱すると、濃い緑色に変化していた。
- ⑨卵をムラサキイモ液に混ぜると少し青っぽい紫色に変化した。加熱すると青色に変化した。
- ①小麦粉と⑥脱脂粉乳を加えると白っぽくなったが、⑧ベーキングパウダーと⑨卵以外は紫色のままだった。

　実験2で、ベーキングパウダーと卵はムラサキイモ液に混ぜると色が変わったが、加熱後に色が大きく変化したのはベーキングパウダーだった。ムラサキイモ液に水を加えたものは加熱で色が変化しなかったので、実験1の蒸しパンの色の変化はベーキングパウダーが原因だったと考えられる。ベーキングパウダーには炭酸水素ナトリウムという物質がふくまれていて、水溶液は弱いアルカリ性を示す。炭酸水素ナトリウムを加熱すると炭酸ナトリウムという物質ができ、その水溶液は炭酸水素ナトリウム水溶液よりも強いアルカリ性を示すそうだ。また、ムラサキイモ液にふくまれる色素は、アルカリ性で青色や緑色、黄色に変化するそうだ。これらのことから蒸しパンの色が緑色に変化したと考えられる。

サイエンスセミナー

蒸しパンの色を変えたもの　「ベーキングパウダー」

　ベーキングパウダーには、炭酸水素ナトリウム（重そうともいいます）という物質が含まれています。炭酸水素ナトリウムは、水にとけると弱いアルカリ性を示します。炭酸水素ナトリウムを加熱すると、化学変化（もとの物質とはちがう、別の物質に変わること）が起こり、炭酸ナトリウム、二酸化炭素、水という3種類の物質に分かれます。この化学変化を「分解」といいます。このときに発生する二酸化炭素が生地をふくらませます。そのため、ベーキングパウダーはふくらし粉ともよばれます。また、分解によってできた炭酸ナトリウムは、水にとけると炭酸水素ナトリウムの水溶液よりも強いアルカリ性を示します。

　一方、ムラサキイモには**アントシアニン**という色素がふくまれています。この色素は酸性やアルカリ性の物質と反応して色が変化します。83ページの発展研究のように、酸性では赤味が強くなり、アルカリ性では青色から緑色、さらにアルカリ性が強いと黄色に変化します。そのため、加熱後の蒸しパンが緑色に変化したのです。蒸しパンの生地に酸性のレモン汁を少し加えてつくると、とてもきれいなピンク色の蒸しパンができます。

炭酸水素ナトリウム　→（分解／↑熱）→　炭酸ナトリウム　＋　二酸化炭素　＋　水

▲レモン汁を加えてつくった蒸しパン

発展研究

ムラサキイモ液の色の変化を見てみよう

ムラサキイモ液にいろいろな性質の液体を加えて、色の変化を調べます。

準備 ムラサキイモ粉、pH試験紙（万能試験紙）、透明な容器、計量スプーン、ドリッパー、キッチンペーパー（コーヒーフィルター）、炭酸水（色のついていないもの）、台所用洗剤、アンモニア水（アンモニア水をふくむ虫さされの薬）、食酢、重そう水（重そう小さじ半分を水50 mLにとかしたもの）、クエン酸水（クエン酸小さじ1杯を水50 mLにとかしたもの）、水道水、計量カップ　など

方法
1) 78ページの実験の手順1のように、ムラサキイモ液をつくる。
2) ドリッパーにキッチンペーパー（またはコーヒーフィルター）を置いた装置で、ムラサキイモ液をこす。（ドリッパーがなければムラサキイモ液をしばらく放置し、その上澄み液を使ってもよい。）
3) こしたムラサキイモ液を透明な容器にそれぞれ大さじ1杯ずつ入れる。
4) pH試験紙で、調べる液のpHの値を調べる。
5) 3)で用意したムラサキイモ液に、調べる液をそれぞれ数滴加えて色の変化を観察する。

ムラサキイモ液

結果 下の写真は、調べた液のpHの値が小さいものから順に左から並べたものである。ムラサキイモ液は、酸性が強くなるにしたがってピンク色から赤色に変化し、アルカリ性が強くなるにしたがって青色から緑色へと変化した。中性では変化しなかった。

強い酸性 ← 　　　　　　　　中性 　　　　　　　　→ 強いアルカリ性

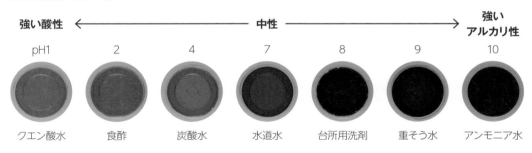

pH1	2	4	7	8	9	10
クエン酸水	食酢	炭酸水	水道水	台所用洗剤	重そう水	アンモニア水

ワンポイント！
- pHの値は7より小さいと酸性、7で中性、7より大きいとアルカリ性を示す。数字が小さくなるほど酸性が強く、大きくなるほどアルカリ性が強い。
- アンモニア水は薬局で売っているが、アンモニア入りの虫さされの薬でもよい。
- 台所用洗剤は、商品によって酸性のものや中性のものもある。
- 調べる液や実験に使った液は、ほかのものと混ぜない。

バナナも日焼けをするの?

【研究のきっかけになる事象】
強い日差しで日焼けをするのは、日光にふくまれる紫外線が関係している。植物も紫外線によって色が変わるものがある。

【実験のゴール】
バナナを使って、紫外線によって色が変わるようすを確かめてみよう。

用意するもの
▶バナナ(数本)　▶アルミニウムはく
▶紙(白、黒)　▶セロハン(無色、青色、赤色、緑色)
▶紫外線カットフィルム　▶日焼け止めクリーム
▶はさみ　▶セロハンテープ　▶フェルトペン
▶紫外線チェックカード　▶箱　など

実験の手順

1 日光がバナナの皮の色を変えるか調べる

バナナは新鮮で青みがかったものを買うこと。

バナナを持つときはていねいに持ち、なるべく柄のところを持つようにしよう。

1 バナナを2本用意し、それぞれ区別がつくように印をつけ、一部にアルミニウムはくを巻く。

はしのほうにペンなどで記号などを入れる。

バナナはいたみやすいので、軽く巻きつけるようにして、裏側をセロハンテープでとめる。

初夏から夏の日差しの強い時期に実験すること。

紫外線チェックカードは、インターネットサイトなどで手に入るよ。夏期には、化粧品を扱う店などでも売っているね。紫外線で色が変わる製品には、絵の具やビーズなどもあるんだ。

2 天気のよい日を選び、屋外の直射日光が当たる場所と、日光の入らない室内の、蛍光灯などの下を選び、紫外線チェックカードで紫外線の強さを確かめる。

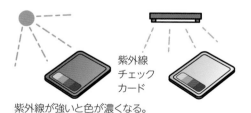

紫外線チェックカード

紫外線が強いと色が濃くなる。

3 バナナの1本は屋外の直射日光が当たる場所に置く。もう1本は日光の入らない室内の、蛍光灯などの下に置く。どちらも3時間以上そのまま置いておく。

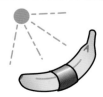

<table>
</table>

左側の縦書きメモ（手順4の横）:
暗所に保存するのは、実験時以外に光を当てないため。

日光に当てたバナナに1日たっても変化がないときは、紫外線の強さが十分でなかったと考えられるので、天気のよい日にもう一度やってみよう。

4 ▶ 光に当てたあとは、2本のバナナからアルミニウムはくをとり外し、暗く涼しいところに置いておく。

アルミニウムはくをはがす前に、巻いた位置の線を軽く書いておくとわかりやすい。

箱などに入れ、涼しい場所に置く。

5 ▶ 1〜2日後、バナナの皮にどのような変化が現れたかを確認する。

---

2 日光に当てる時間を変えるとどうなるか調べる

左側の縦書きメモ:
途中で日かげになったりしないように、長く日光の当たる場所を選ぶこと。

紫外線の強い10時から14時くらいの時間に行うといいよ。

1 ▶ バナナを4本用意し、印をつけてアルミニウムはくを巻く。

2 ▶ 天気のよい日の昼前後の時間帯で、直射日光に当てる時間の長さを変えて実験する。

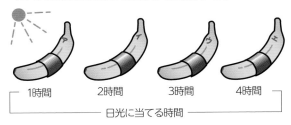

1時間　2時間　3時間　4時間

└──── 日光に当てる時間 ────┘

3 ▶ 実験の手順1と同じように、バナナを箱に保存し、1〜2日後のようすを比べる。

---

3 バナナを利用して、どのようなものに紫外線をさえぎる効果があるか調べる

左側の縦書きメモ:
紫外線カットフィルムは、家や車などの窓に貼るもので、ホームセンターなどに売っているよ。

1 ▶ 次のような材料をバナナに巻き、直射日光に3時間当てて実験する。

アルミニウムはく

白い紙
黒い紙

セロハン
（赤色・緑色・青色・無色）

紫外線カットフィルム
日焼け止めクリーム

日焼け止めクリームは皮に直接ぬらずに、無色セロハンにぬったものを巻くこと。

2 ▶ 実験の手順1と同じように、バナナを箱に保存し、1〜2日後のようすを比べる。

このレポートはひとつの例です。
実際には、自分で行った実験の結果や考察を書きましょう。

バナナで調べる紫外線の実験　〇年〇組　〇〇〇〇

研究の動機と目的

　夏の強い日差しを浴びると日に焼けるのは、太陽光の中にふくまれている紫外線が関係しているという。植物も紫外線によって色が変わり、バナナで調べることができると聞いて、実験してみることにした。

準備したもの

※バナナ　※アルミニウムはく
※紙（白・黒）　※セロハン（無色・青色・赤色・緑色）
※紫外線カットフィルム　※紫外線チェックカード
※日焼け止め　※箱　など

実験1　日光がバナナの皮の色を変化させることを調べた

>**方法**

(1) バナナを2本用意し、それぞれにアルミニウムはくを巻いた。
(2) 紫外線チェックカードで、屋外では紫外線が強く、室内では紫外線が当たっていないことを確かめた。
(3) 1本はベランダに置いて、直射日光に当て、もう1本は外の日光が入らないキッチンのテーブルに置き、蛍光灯の光を当てた。
(4) どちらも3時間、光に当てたあと、箱に入れて涼しく暗い部屋に置いた。
(5) 2日後に2本のバナナを比較した。

日光に3時間
アルミニウムはく

蛍光灯の下で3時間

アルミニウムはくをはがし箱に入れて暗所に置く。

>**結果**

日光に当てたバナナの皮だけに変化が現れた。全体が茶色く変化したが、アルミニウムはくを巻いた部分はあまり茶色くならなかった。

日光に当てたバナナ

蛍光灯に当てたバナナ

- -

実験2 日光に当てる時間を変えて、バナナの変化を調べた

> **方法**

(1) 4本のバナナにそれぞれアルミニウムはくを巻き、紫外線が強い昼前後の時間帯で、次のように時間を変えて日光に当てた。

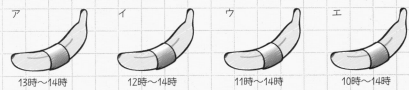

ア	イ	ウ	エ
13時〜14時	12時〜14時	11時〜14時	10時〜14時

(2) 日光に当てた後は、実験1と同じように、暗所に保存して2日後に変化を比較した。

> **結果**

日光に当てる時間が長いウ、エは日光に当てた部分の色が変わった。日光に当てる時間が少ないアとイは、変化がはっきりしなかった。

- -

実験3 紫外線をさえぎるには、どんな材料が有効か調べた

> **方法**

(1) 4本のバナナに次の材料を巻き、10時から13時まで3時間日光に当てた。

(2) 実験1と同じように、暗所に保存して2日後に変化を比較した。

ア	イ	ウ	エ
アルミニウムはく	黒 白 紙	赤 緑 青 無色 セロハン	紫外線カット フィルム 日焼け止めクリーム をぬった無色セロハン

> **結果**

バナナの皮は次の写真のようになり、無色のセロハンだけが紫外線を通したようだ。

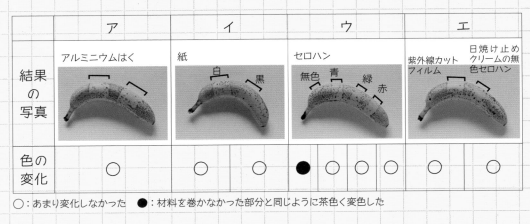

	ア	イ	ウ	エ
結果の写真	アルミニウムはく	紙 白 黒	セロハン 無色 青 緑 赤	紫外線カットフィルム / 日焼け止めクリームの無色セロハン
色の変化	○	○　○	●　○　○　○	○　○

○：あまり変化しなかった　●：材料を巻かなかった部分と同じように茶色く変色した

（1）直射日光に3時間以上当てた部分のバナナの皮は茶色に変色し、紫外線チェックカードが直射日光に強く反応していたことから、バナナの皮の色の変化には、紫外線が影響している可能性がある。

（2）色つきのセロハンを巻いたときは、バナナの皮の色は変化しなかったが、無色のセロハンでは変化した。ところが、無色の紫外線カットフィルムの場合は、変化しなかった。このことから、バナナの皮の色を変化させるのは、紫外線のはたらきであると考えられる。

（3）実は、実験2を最初に行ったとき、バナナの皮の色に変化が見られなかった。雲が出て日光がさえぎられたからだと思った。バナナの皮の色の変化を見るには、強い紫外線に長く当てる必要がありそうだ。

サイエンスセミナー

紫外線とバナナ（植物の知恵）

　紫外線は目に見えない電磁波で、生物にとって役に立つ性質がある一方、皮膚の細胞に刺激を与えて老化や癌の原因をつくるなど、有害な性質もあわせもっています。

　植物の成長には日光が必要ですが、その結果いつも有害な紫外線を浴びなくてはなりません。そこで植物は、紫外線から自分の細胞を守るしくみを発達させました。

　植物がもつ葉緑素（クロロフィル）もその1つで、葉緑素は紫外線によって細胞がこわされるのを防ぐといわれています。収穫前のバナナの皮は、葉緑素によって緑色をしていますが、収穫後は葉緑素がこわれて黄色くなってきます。このとき、バナナの皮に強い紫外線が当たると、細胞がこわれるのが早まり、茶色く変色してしまうのです。

　日焼けで人間の皮膚が茶色くなるのも紫外線のはたらきです。ただしこちらは、紫外線に当たった細胞が自分を守ろうとして、紫外線を吸収するメラニンという色素をつくり出すことによって皮膚が茶色くなるのです。

発展研究

紫外線をさえぎる植物成分の研究

植物にふくまれる葉緑素（クロロフィル）やアントシアニンには、紫外線をさえぎる役割があると考えられています。植物や食品から葉緑素などをとり出し、紫外線をチェックするカードなどを使って、実験してみましょう。

準備 紫外線チェックカード2枚、サクラなどの葉、ナス、エタノール、湯、着色料（赤・緑・黄）、透明なプラスチックの小皿、ボウルなど

方法

1) 葉から葉緑素をとり出す。
   葉を3〜4枚とって80〜90℃の湯に1分程度ひたす。
   ティッシュペーパーなどで、水分をふきとり、空きびんなどに入れ、葉がかくれる程度にエタノールを注ぐ。
   半日ほど置いておくと、葉緑素がとけ出した緑色の液体ができる。葉を捨てて液体だけにし、これをA液とする。

2) ナスからアントシアニンをとり出す。
   ナスの皮をむいて、ボウルに入れ、熱湯を注ぐ。しばらくおいて、色を出す。これをB液とする。

3) 透明な小皿を2つ用意し、1つにA液を少量入れる。もう1つの皿にはエタノールを同量入れ、そこに緑・黄色の着色料をほんの少し混ぜ、A液と同じくらいの色や透明度にする。

4) 紫外線チェックカードを日の当たる場所に置き、その上に用意したA液と緑色の着色料をとかした小皿を10秒ほど置いておく。

5) 小皿をずらしてカードの色を見る。すぐに色が変わるので、すばやく確認する。

6) B液を小皿に少量入れる。水にといた赤・緑・黄色の着色料の小皿を用意して4)、5)と同じようにして比較（ひかく）する。

結果 サクラの葉、ナスの皮には紫外線を防ぐ効果があることがわかる。サクラなどの緑色の葉にふくまれる葉緑素（クロロフィル）、ナスの皮にふくまれるアントシアニンなどの成分が紫外線を吸収するため、下に置いた紫外線チェックカードの色が変わらない。

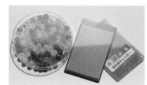

紫外線が当たると、白からピンクや青などに変わる製品。

80〜90℃の湯　サクラなどの葉　水分をとる　A液　緑色が出る。

ナスは皮だけを使う。　熱湯　B液

紫外線チェックカードの上に小皿をのせる。　A液　着色料をとかしたエタノール　小皿をずらしてすばやく色を見る。

B液も同様に着色料の小皿と比べる。

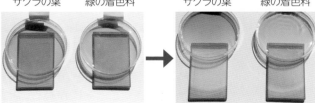

サクラの葉　緑の着色料　→　サクラの葉　緑の着色料

ワンポイント！

- 紫外線で色が変わる製品には、カード状のものやビーズ状のもの、絵の具などがある。
- エタノールは薬局で無水エタノールとして売っている。消毒用エタノールでもOK。
- 紫外線が強すぎると、小皿をずらしたときに、すぐに色が変わってわかりにくいので、夏などは、昼前後をさけて実験するとよい。
- アントシアニンは、ムラサキキャベツや赤シソなどにもふくまれており、きざんで熱湯をかけることでとり出すことができる。
- 緑茶にふくまれるカテキン、紅茶に含まれるテアフラビンなどにも紫外線を吸収する作用があるので、同様の実験をすることができる。

*このページの写真は、すべて©Kin's

卵とセロハンで浸透圧の実験

【研究のきっかけになる事象】
うすい水溶液が濃い水溶液に引っ張られて水分が移動する現象を浸透圧という。浸透圧は、半透膜という膜を通してはたらく。

【実験のゴール】
卵のうすい膜を半透膜として使い、浸透圧がはたらくと卵がどうなるのか調べてみよう。

用意するもの
▶ 透明セロハン　▶ 水　▶ 食塩　▶ 砂糖　▶ 卵
▶ 食酢　▶ 黒い画用紙　▶ スプーン　▶ ボウル
▶ 透明なプラスチックのコップ（10個）
▶ ラップフィルム　▶ 小さじ　▶ 電子てんびん
▶ ふきん（ガーゼ）　▶ 輪ゴム　▶ 定規　など

実験の手順

1 ┃ セロハンで浸透圧の現象を確認する

はじめにセロハンを水でかるくぬらすと、やわらかくなって包みやすくなるよ。

黒の画用紙を使うと、出てきた水がよく見えるよ。

1 セロハンを水でぬらしてやわらかくし、水を包む。水がもれないように、輪ゴムなどで口をきつくとめる。

輪ゴム
水

©バンティアン

水がもれていないことを確認しておく。

2 2つの包みの質量を計測したあと、ラップフィルムで包んだ黒い画用紙の上に **1** の水を包んだセロハンを置き、一方には食塩、もう一方には砂糖を小さじ1杯ずつふりかける。

食塩小さじ1　砂糖小さじ1
水　水
黒い画用紙をラップで包んだもの

ふりかけた食塩や砂糖が包みに付いている場合は、できるだけ取り除こう。

3 1時間ほど置いたあと、セロハンから水が出てきたことを確かめる。2つの包みの質量をそれぞれ計測し、実験前の質量から実験後の質量をひいて、セロハンからしみ出た水の質量を比べる。

水はラップフィルムで包んだ黒い画用紙の上にしみ出してくるよ。

	食塩をふりかけたセロハン	砂糖をふりかけたセロハン
実験前	〇g	〇g
実験後	〇g	〇g
しみ出した水	？g	？g

卵の殻をとかした透明卵を水溶液につけ、浸透圧を観察する

1 なるべく質量のそろった卵を5個用意して、それぞれの質量を計測してからコップに入れる。

2 それぞれのコップに食酢200 gを加え、変化のようすを観察する。

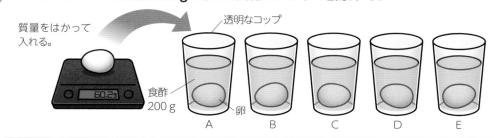

質量をはかって入れる。

透明なコップ

食酢200 g

卵

A　B　C　D　E

⚠**注意**　このときの卵はとてもやわらかく、膜がやぶれやすくなっているので、やさしく扱おう。

3 40～50時間後、卵の殻をさわってゴムのようにやわらかくなっていたら、食酢からスプーンで出す。水を張ったボウルの中で殻をやさしくこすって取り除き、うすい膜だけにしたあと、卵の質量と全長を計測する（食酢につけておく時間は、卵の殻のとけ具合を見ながら調節しよう）。

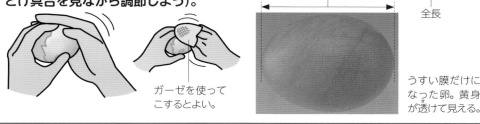

ガーゼを使ってこするとよい。

全長

うすい膜だけになった卵。黄身が透けて見える。

卵の膜がやぶれてしまったときのために、予備の卵を何個か用意しておくとよいよ。

4 水（A）、10％砂糖水（B）、20％砂糖水（C）、10％食塩水（D）、20％食塩水（E）をそれぞれ200 gずつ新しいコップに入れ、うすい膜だけになった卵をつける。

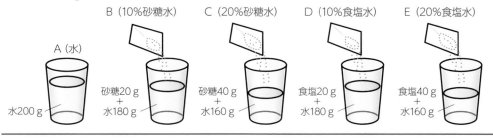

A（水）

B（10％砂糖水）

C（20％砂糖水）

D（10％食塩水）

E（20％食塩水）

水200 g

砂糖20 g ＋ 水180 g

砂糖40 g ＋ 水160 g

食塩20 g ＋ 水180 g

食塩40 g ＋ 水160 g

グラフをかく際、A、B、C、D、Eそれぞれの結果は、色や交わる点の形を変えて、わかりやすくしよう。

実験を午前中に始めると、夜中に卵を取り出す必要がなくなるよ。

5 1時間後、3時間後、6時間後、12時間後、24時間後にそれぞれ卵を取り出し、質量を計測する。
また、24時間後の卵の全長も計測する。
A、B、C、D、Eの結果を、1つのグラフにまとめよう。

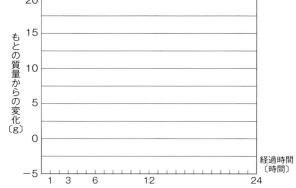

もとの質量からの変化〔g〕

経過時間〔時間〕

このレポートはひとつの例です。
実際には、自分で行った実験の結果や考察を書きましょう。

浸透圧の実験
（しんとうあつ）

〇年〇組　〇〇〇〇

研究の動機と目的

　卵の殻をとかしてうすい膜（まく）にした「透明卵（とうめい）」を水や水溶液に入れると、卵は大きくふくれるらしい、ということを聞いた。これは、浸透圧が関係しているということなので、実際に自分の目で確かめてみようと思った。

準備
したもの

※透明セロハン　※水　※食塩　※砂糖　※卵　※10％食塩水
※20％食塩水　※10％砂糖水　※20％砂糖水　※食酢（穀物酢（こくもつす）：酸度4.2％）
※スプーン　※小さじ　※電子てんびん　※透明なプラスチックのコップ（10個）
※ラップフィルム　※黒い画用紙　※ふきん　※輪ゴム　※定規　など

実験1　セロハンで浸透圧の現象を確認した

＞方法

(1) 水をセロハンで包み、水がもれないように口をきつく縛（しば）ったものを2つ用意した。

(2) (1)でつくったものをラップフィルムをまいた黒い画用紙の上に置き、片方には食塩をふりかけ、もう片方には砂糖をふりかけた。

(3) 1時間そのままにして、変化を見た。

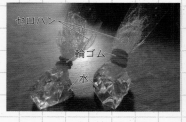

＞結果

食塩や砂糖をふりかけると、5分ほどたったころから食塩も砂糖も湿ってきた。
さらに30分置くと、セロハンのまわりが水たまりのようになってきた。セロハンで包んだ水のそれぞれの質量の変化は、右の表のようになった。

表：セロハンの実験結果

	食塩	砂糖
実験前	20 g	20 g
実験後	18 g	15 g
質量の変化	－2 g	－5 g

食塩を
ふりかけたもの

砂糖を
ふりかけたもの

＊このページの写真は、すべて©パンティアン

実験2　**透明卵で浸透圧の現象を観察する**

＞方法　(1)　前もって質量をはかっておいた卵5個を透明なプラスチックのコップに入れて、食酢を200gずつ注いだ。

(2)　2日間置いたあと、卵がやわらかくなっていることを確認し、スプーンで取り出して水を張ったボウルの中で、殻を手のひらでこすりながら落とした。

(3)　殻が完全に取り除けたら、質量と全長（縦の長さ）をはかった。次にあらかじめ新しいコップに用意しておいた下のA〜Eの水溶液につけた。

A（水）	B（10%砂糖水）	C（20%砂糖水）	D（10%食塩水）	E（20%食塩水）

200 g	200 g	200 g	200 g	200 g

(4)　1時間後、3時間後、6時間後、12時間後の卵の質量をはかった。

(5)　24時間置いたあと、卵を取り出し、質量と全長をはかった。

＞結果　（1日目）食酢につけた卵のまわりには、細かな泡がびっしりとついた。

（2日目）卵の表面がピンク色になってやわらかくなった。卵の質量をはかると、下の表のようになった。

	A	B	C	D	E
食酢につける前	72.0 g	70.5 g	66.5 g	67.0 g	71.5 g
殻を取り除いたあと	94.0 g	93.0 g	86.0 g	88.5 g	93.5 g
増えた質量	＋22.0 g	＋22.5 g	＋19.5 g	＋21.5 g	＋22.0 g

（3日目）A〜Eの5つの水溶液につけた卵を、1時間後、3時間後、6時間後、12時間後にそれぞれの質量をはかったら、どの卵も質量がふえていた。

（4日目）24時間後の質量をはかったら、どの卵も質量がふえていた。次のグラフと表は、A〜Eにつけた卵の質量の変化のようすである。
卵の全長は次のように変化した。

	A	B	C	D	E
全長の変化	＋5 cm	＋8 cm	＋5 cm	＋6 cm	＋5 cm

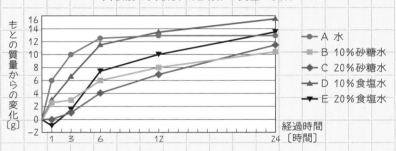

実験前と実験後の透明卵の質量の変化

（凡例）
- A 水
- B 10%砂糖水
- C 20%砂糖水
- D 10%食塩水
- E 20%食塩水

各卵の質量の変化

	A	B	C	D	E
殻を取り除いたあとの質量	94.0 g	93.0 g	86.0 g	88.5 g	93.5 g
水溶液に1日（24時間）つけたあとの質量	107.0 g	103.5 g	97.5 g	104.0 g	107.0 g
水溶液につける前とつけたあとの質量の変化	＋13.0 g	＋10.5 g	＋11.5 g	＋15.5 g	＋13.5 g

1時間後の時点で、20%砂糖水は増減なし、20%食塩水は－1.0 gになった。それ以外はどれも質量がふえ、特に水は＋6.0 gと最も吸水量が多かった。

6時間後までは水の吸水量が非常に多かった。

24時間後は、10%食塩水が＋15.5 gでもっともふえ、続いて20%食塩水、水、20%砂糖水、10%砂糖水の順となった。

もとの卵

24時間後の卵

（まとめと考察）

・実験1で、砂糖と塩をかけるとセロハンから水がしみ出たことから、砂糖と塩で浸透圧の現象が起こることがわかった。

・実験2で水の吸収量が非常に多かったのは、卵（食酢を吸っている卵）の中身の濃さが水よりだいぶ濃いため、浸透圧により卵のうすい膜（まく）を通り抜けて多くの水が中に移動したことが理由だと考えられる。

・実験2で透明卵が、食塩水につけたときのほうが砂糖水につけたときよりも質量が増えたことから、食塩水よりも砂糖水のほうが浸透圧によって卵の中に水分が移動しにくいと考えられる。

発展研究

卵のうすい膜を使って、浸透圧の実験をしよう

卵からうすい膜を取り出して砂糖水を入れ、ストローをさしたときの水面の上がり方を見よう。

©バンティアン

準備 ┃ 卵、食酢200ｇ、砂糖水（水100ｇ＋砂糖30ｇ）、水、タコ糸、透明なストロー、割りばし、輪ゴム、コップ、油性ペン、キリ、スポイト

方法 ┃ 1）卵のおしり（丸いほう）にキリで穴をあけ、中身を出してから食酢につける。

2）24時間後、酢から卵を取り出し、殻を取り除き卵のうすい膜を取り出す。ストローをうすい膜の穴に差し込んでタコ糸で結ぶ。

3）ストローからうすい膜の中にスポイトで砂糖水を入れる（空気が入らないように気をつける）。

4）ストローと割りばしと輪ゴムで写真のようにとめ、砂糖水を入れたうすい膜を、水の入ったコップにつける。実験開始のときのストローの水面の位置に油性ペンで印をつける。ストローの中の水面の位置を観察する。

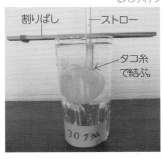

結果 ┃ 砂糖水を入れたうすい膜を水につけてしばらくすると卵はふくれて、ストローの中の水面の位置が印をつけた部分から上がっていった。

砂糖水を入れた場合の水位の変化のようす

時間	5分後	10分後	20分後	30分後	40分後	50分後	1時間後	3時間後
上昇水位	15 mm	29 mm	37 mm	42 mm	45 mm	45 mm	45 mm	55 mm

ワンポイント！
- 実験中ストローの水面が上がらないときは、うすい膜の中に空気が入ってしまっている可能性があるよ。もう一度、砂糖水を入れなおしてみよう。
- ストローをうすい膜の穴に差し込むのが難しいときは、だれかに手伝ってもらおう。

サイエンスセミナー

浸透圧って何だ!?

浸透圧とは、うすい液から濃い液のほうへ、境にある半透膜を通って溶媒（とかしている液体）が移ろうとする力（圧力）です。

たとえば、水そうの真ん中に卵のうすい膜（半透膜）で仕切りをして、左に水、右に砂糖水を入れるとします。半透膜に衝突する分子の数は、左右で等しくなっています。このとき、水の分子は半透膜を通りぬけますが、砂糖の分子は通りぬけられません。そのため水側から砂糖水側へ移動する水分子の数が、逆方向に移動する水分子の数よりも多くなります。これが浸透圧が生じる理由です。

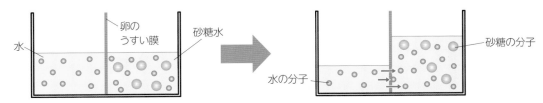

この現象は、日常生活でもよく見られます。キュウリに塩をふりかけると、キュウリから水分が出てきますね。キュウリの表面が半透膜であると考えたとき、濃い塩のほうにキュウリの中の水が移動するからです。

このほかに、どのような現象が浸透圧で説明できるか探してみると面白いでしょう。

デジタルカメラで星空を撮ろう!

【研究のきっかけになる事象】
星空はマニュアル撮影のできるデジタルカメラで撮影することができる。

【実験のゴール】
どのように撮影すると、きれいな星空写真が撮れるか、チャレンジしてみよう。

用意するもの
▶ 星座早見　▶ 方位磁針
▶ 懐中電灯(赤いセロハンでおおう)
▶ デジタルカメラ(マニュアル撮影できるもの)　▶ 三脚
▶ 時計(夜間も見やすいもの)　など

実験の手順

準備1　撮影する場所と日を決める

⚠注意　夜なので、必ず大人の人といっしょに行くこと。

ケガや虫さされ防止のため、長そで、長ズボンを着用しよう。

月明かりの少ない時期や時間帯を選ぼう。

1 星空を撮影する場所を決める。

〈場所を決めるポイント〉
①街灯などが少ない暗い場所。
②空全体がよく見える場所。
③雲が少なく天気のよい夜。
④車が来ない安全な場所。
　※近くにトイレがあると便利です。

2 星座や月の満ち欠け、天気などを調べる。

①星座早見や教科書、図鑑などで撮影日時の星座の位置や方角を調べる。
②観測に役に立つ情報をインターネットで検索する。

例)★国立天文台「今日のほしぞら」…希望の場所や日時の星空のようすが画面で見られる。
　　★月齢カレンダー…月の満ち欠けがわかる。
　　★気象庁「週間天気予報」…日本各地の週間天気予報などがわかる。

カメラの撮影モードを設定する

1 設定のポイントを知る。

〈写真を撮るときの重要なポイント〉
①絞り(F値)…光の通り道の広さ
②シャッタースピード…光が素子に当たる
時間
③感度(ISO)…素子が光を感じる度合い
(能力)

絞り(F値)のイメージ

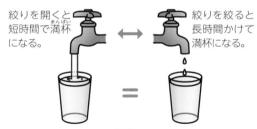

絞りを開くと
短時間で満杯
になる。

絞りを絞ると
長時間かけて
満杯になる。

貯める水の量=撮像素子が受けとれる光の量

暗い中で撮影を
成功させるため
に、明るいうちに
手順や機材を確
認しておこう。

カメラに星空の
撮影モードがあ
れば、利用してみ
よう。

撮影チャンスを
のがさないため、
できればカメラ
の記録メディア
や電池の予備も
用意するといい
よ。

2 デジタルカメラを次のように設定する。

①撮影モードをM(マニュアル)にセットする。
②ISO400〜1600
③F値2.8〜5.6
④シャッタースピード4〜60秒
カメラごとに機能や設定方法がちがうため、取扱説明
書で確かめよう。

3 レンズのズームをワイド(広く写るほう)にする。

4 ピントを合わせる。

カメラのオートフォーカス機能を止めて、手動
で∞マーク(無限遠=いちばん遠く)に合わせ試
し撮りをし、ピントを合わせる。

手動に切り替えできない機種はオートのままで撮る。

5 試し撮りをして、星がきれいに写るように調節する。

フラッシュは発
光禁止に設定し
よう。

★明るすぎる場合(白っぽい写真)
⇨感度を下げる(ISOの数字を小さくする)か、
シャッタースピードを速くするか、絞りを絞
る(F値を大きな数字にする)。

★暗すぎる場合(真っ黒な写真)
⇨感度を上げる(ISOの数字を大きくする)か、
シャッタースピードを遅くするか、絞りを開
ける(F値を小さな数字にする)。

1 | 星空の写真を撮影する

1 準備2で設定したカメラを三脚にしっかり固定する。

なるべく平らな場所で、三脚の脚をしっかり開き、撮影しやすい高さで固定する。三脚のレバーは、カメラを上に向けて、脚に当たらないようレンズ側（通常と逆）に出す（矢印）。

目が慣れてくると、はじめよりたくさんの星が見えるようになるよ。懐中電灯などの明かりを使うのは必要最小限にして、ほかの観測者の迷惑にならないようにしよう。

2 目的の星の方角にカメラを向け、ピント（∞）を再確認し、撮影する。**4** が終わるまでカメラを動かさない。

地上の景色も少し入れると、どこでどの向きを撮影したのかあとでわかりやすい。
セルフタイマー機能を使うと、手ぶれを防ぐ効果がある。

3 画像を再生して確認する。失敗したら原因を考え、設定を調整してもう1度撮る。

◀ぶれてしまった例

撮影直後、画像がすぐには出ないことがあるよ。カメラが、シャッタースピードと同じ時間だけ画像処理（ノイズ除去）するためで、故障ではないよ。

カメラのゆれや手ぶれに注意しよう。

4 カメラと三脚を動かさず、15分後、30分後、45分後、1時間後にも撮影する。
撮影の時間、天気（雲量）、カメラの設定などを毎回記録しておく。

空全体を10としたときの雲の量
16方位で表す
カメラのレンズと地平線の角度

○○座の撮影
・日時　　　年　月　日　　時　分
・撮影地　○○県△△山の×××キャンプ場
・天気　　晴れ（星空）／月齢 ○.○
・雲量　　2
・方角　　北北東
・高度　　●度
・カメラの機種名　　○○○○○○
・感度（ISO）　　□□□
・絞り（F値）　　△△
・シャッタースピード　　●秒

（のばしたうでのにぎりこぶし1個分が約10°）

30°
0°

日時や感度(ISO)、絞り(F値)などは写真データに記録されるカメラもあるよ。

5 写真をプリントし、図鑑などで確認して、星座名や星座の線もかきこむ。

このレポートはひとつの例です。
実際には、自分で行った実験の結果や考察を書きましょう。

デジタルカメラによる星空撮影　○年○組　○○○○

研究の動機と目的

　旅行で出かけたときに見た星空の美しさに驚き、そのようすをどうにかして友だち
に伝えたいと思った。家族に相談したら、家のデジタルカメラでも撮影できそうだとわ
かり、自分でも教科書や図鑑のようなきれいな写真が撮れないか、挑戦することにした。

準備
したもの

＊星座早見　＊方位磁針
＊懐中電灯（赤いセロハンでおおう）
＊デジタルカメラ
＊三脚　＊時計

- -

実験1　**撮影する場所と日時を決めて、写真を撮った**

＞方法

(1) 天文年鑑とインターネット
　　で新月の時期を確認し、○
　　月○日午後8時30分頃の、
　　こぐま座（北極星をふくむ）
　　の位置を調べた。

(2) 撮影当日、デジタルカメラ
　　を右の表のように設定し、
　　星座早見、方位磁針を使っ
　　てこぐま座を探した。

(3) 三脚を使って、カメラを動
　　かさず、午後8時30分から
　　15分おきに1時間後まで合
　　計5回撮影した。

(4) 帰宅後、写真をプリントし、
　　北極星や星座を線でかきこ
　　んだ。

項目	設定
撮影モード	マニュアルモード
感度（ISO）	400
レンズの絞り（F値）	3.5
シャッタースピード	4秒
ピント合わせ	手動で無限遠にした
シャッター	セルフタイマー使用

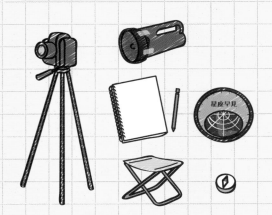

＞結果 （1）撮影した星空の写真

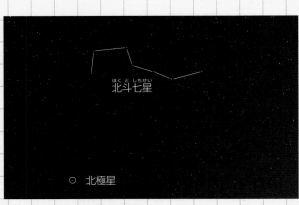

・撮影地〇〇
・日時 4月13日20時30分
・天候 晴れ
・雲量 1
・月齢 3.1
・方角 北

（2）（1）と同じ位置、方角のま
　　　ま移動せず撮影した1時間
　　　後の写真
・日時 4月13日21時30分
・天候 晴れ
・雲量 2
　時間がたつと、北極星を中心
に、反時計回りに星が動いてい
た。

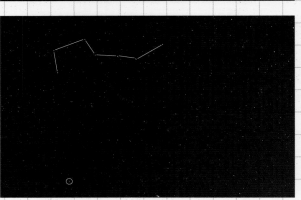

- -

（考察）

　撮影した写真の、星座と北極星の位置を比べたところ、1時間で、星座が北極星を中心
に約15度反時計回りに移動していたことが確認できた。

基本情報

星空の写真に星座線を入れる方法
　星空の写真の上に透明のシートを重ね、その上からホワイトペンで星
座線をかきこみます。このようにすると星座の形と実際に撮影した星座
を比較しやすくなります。

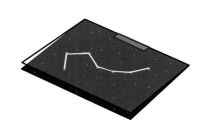

流星群を観察しよう!

　流星（流れ星）とは、宇宙を漂う直径数mmのちりが地球の引力に引かれて、秒速数十kmという超高速（東京～大阪間を10秒かからないほどの速さ!）で大気圏に入ったとき、大気との摩擦で高温になり光る現象です。

　多くの場合、ちりはすい星が宇宙空間にまき散らしたもので、図のようにすい星の軌道近くにあります。ちりが多いところを地球が通過すると、多数の流星が観測され、これを流星群といいます。流星群は地球の公転とともに定期的に現れます。8月中旬に観測される「ペルセウス座流星群」は、流星の数が多く観測しやすい流星群です（下表参照）。

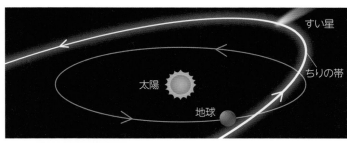

▲流星群とすい星の関係
地球が、すい星の軌道付近を通過したとき、流星群が出現する。

放射点（輻射点）

　流星群を観測すると、流星が天球上のある1点から放射状に飛び出してくるように流れることが観測できます。この点を放射点（または輻射点）といいます。

　多くの場合、放射点が何座付近かによって、流星群の名前がつけられています。流星がその星座から生まれているわけではありません。

日本で観測できるおもな流星群

（流星の出現数は年により大幅に増減することがあります。）

出典：天文年鑑2024

流星群の名前	出現の期間	ピーク時の出現数／時　※
しぶんぎ座	1月1日～1月7日	22
4月こと座	4月16日～4月25日	5
みずがめ座η（イータ）	4月25日～5月20日	15
みずがめ座δ（デルタ）南	7月15日～8月20日	10
やぎ座α（アルファ）	7月10日～8月25日	3
ペルセウス座	7月20日～8月20日	60
はくちょう座κ（カッパ）	8月8日～8月25日	3
9月ペルセウス座ε（イプシロン）	9月5日～9月17日	7
オリオン座	10月10日～11月5日	10
おうし座北	10月15日～11月30日	5
しし座	11月5日～11月25日	15
ふたご座	12月5日～12月20日	30
こぐま座	12月18日～12月24日	5

※1時間当たりの流星の数を1時間平均出現数といい、およその予想の数です。空の暗さ、月齢、雲量、時間帯、また地球上のどの地域で観測するかなどによっても大きく変わります。
　このほかにも流星群は多数あります。くわしくは、国立天文台「ほしぞら情報」サイトや、天文年鑑などで調べられます。

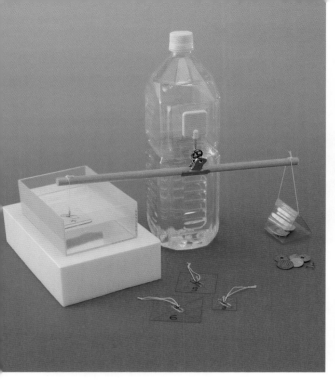

時間 5時間　難易度 ★★★☆

表面張力を
はかってみよう

【研究のきっかけになる事象】
水に沈む1円玉でも、そっと水面に置くと表面張力によって浮かべることができる。

【実験のゴール】
浮かべるものの面積や浮かべる液体を変えると、表面張力がどう変化するのか調べてみよう。

用意するもの
- ▶ペットボトル　▶プラスチックの板　▶タコ糸
- ▶フック　▶棒　▶目玉クリップ　▶容器
- ▶カッター　▶ゼムクリップ　▶セロハンテープ
- ▶ラジオペンチ　▶水　▶台所用洗剤　▶食酢
- ▶植物油　▶硬貨（1円、5円、10円、50円、100円）
- ▶ホッチキスの針　▶ピンセット　など

**実験
の
手順**　**準備**　## 表面張力をはかる天びんばかりをつくる

天びんばかりの棒はさいばしなどを使ってもよいが、水平を見るために、太さが均一なものを選ぼう。

1　**ペットボトルとフック、棒などを使って、図のように天びんばかりをつくる。**

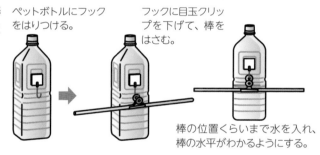

ペットボトルにフックをはりつける。

フックに目玉クリップを下げて、棒をはさむ。

棒の位置くらいまで水を入れ、棒の水平がわかるようにする。

プラスチックの板は、文房具のカードケースなどを利用しよう。

2　**プラスチックの板を切って、部品をつくる。**

プラスチックの板から、正方形の部品を切り出す。
一度で切らず、何度もすじを入れるようにしてカッターで切る。

⚠注意
プラスチックを切るときは、手をすべらせて切らないように注意する。

ゼムクリップはラジオペンチで曲げるよ。

　縦横3cm　1枚

　縦横4cm　1枚

　縦横5cm　4枚

　縦横6cm　1枚

縦横5cmのプラスチックの板3枚をセロハンテープでつなげておもりをのせる台をつくる。

タコ糸を通して結ぶ。

小さいゼムクリップを中央で曲げたものを4つつくる。

 ×4

残りの板に対角線を引き、中央に曲げたゼムクリップを置いてセロハンテープでとめる。

ゼムクリップの曲げた部分にタコ糸を結び、糸を下げて板が水平になるように調整する。

102

1 表面張力のはたらきを調べる

スケッチをしたり、水面のようすを写真にとっておくといいよ。

1 容器に水を入れ、水面に1円玉を浮かべる。同じように準備したプラスチックの板も浮かべて観察する。

2 準備したプラスチックの板を水面に浮かべ、タコ糸を引いて水面から持ち上げるときに手にかかる力や水面のようすを観察する。

2 板の面積と表面張力の関係を調べる

水がこぼれてもよい場所で実験しよう。

硬貨などのおおよその質量は次の通り。
1円玉＝1ｇ
5円玉＝3.75ｇ
50円玉＝4ｇ
10円玉＝4.5ｇ
100円玉＝4.8ｇ
ホッチキスの針
5本＝0.1ｇ

1 実験装置の天びんばかりにおもりをのせる台とプラスチックの板をとりつけ、棒が水平になるように調節する。

容器の下に台を入れたり、水を足したりして水面の高さを調節する。

目玉クリップの位置を調節して棒を水平にする。(すべる場合、セロハンテープで固定する)。

正方形の板

おもりをのせる台

プラスチックの板は、いつもきれいにしておく。

水を入れた容器を置く。

プラスチックの板の下に気泡が入らないように注意する。ティッシュペーパーなどでふくとよい。

おもりの硬貨は、ピンセットを使うとのせやすい。

2 プラスチックの板が水面を離れるまで、おもり(硬貨などを利用するとよい)をのせていき、質量を記録する。縦横3㎝の板から縦横6㎝の板の4種類を順につけかえてそれぞれ5回程度はかり、平均値を出す。

3 液体の種類と表面張力の関係を調べる

洗剤を使うときは泡を立てないように軽くかき回すよ。

液体を入れる容器とプラスチックの板は、液体を変えるごとによく洗うこと。

1 縦横4㎝のプラスチックの板を使い、水のかわりに食酢、台所用洗剤を入れた水、植物油などで、実験の手順2と同じように行う。それぞれの液体で5回程度はかり、平均値を出す。

洗剤はコップ1杯の水に2、3滴たらす程度。

食酢　　　台所用洗剤　　　植物油

表面張力の研究

〇年〇組　〇〇〇〇

研究の動機と目的

　表面張力は、表面をできるだけ小さくしようとする液体の性質によってはたらく力のことで、コップから水が盛り上がっていたり、水滴（すいてき）が玉になったりするのは、表面張力によるものだといわれている。この表面張力をはかる方法があると知って、実験することにした。

準備したもの

　＊ペットボトル　＊プラスチックの板　＊タコ糸　＊フック
＊棒　＊目玉クリップ　＊ゼムクリップ　＊容器　＊硬貨
＊ホッチキスの針　＊カッター　＊セロハンテープ
＊ラジオペンチ　＊台所用洗剤（せんざい）　＊水　＊食酢（しょくす）　＊植物油

ペットボトルを使って天びんばかりをつくった。水面に浮かべたプラスチックの板がどのくらいの質量で水面から離（はな）れるかをはかる。

表面張力をはかる材料としてうすいプラスチックの板を切って、ゼムクリップを貼りつけた。板は大きさのちがうものを4つつくった。

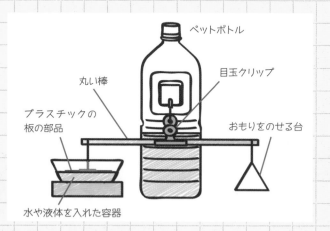

ペットボトル
目玉クリップ
丸い棒
プラスチックの板の部品
おもりをのせる台
水や液体を入れた容器

板の大きさ
A　縦3cm　横3cm
B　縦4cm　横4cm
C　縦5cm　横5cm
D　縦6cm　横6cm

硬貨やホッチキスの針でおもりを用意して、約0.1gの単位まではかれるようにした。

1円玉 =1g

5円玉 =3.75g

50円玉 =4g

10円玉 =4.5g

100円玉 =4.8g

ホッチキスの針5本 =0.1g

| 実験1 | 表面張力の特徴を観察した |

> 方法　（1）容器に水を入れ、1円玉を浮かべて観察した。
　　　　（2）同様にプラスチックの板を浮かべて観察した。
　　　　（3）プラスチックの板Bを水面に浮かべ、引き上げるときのようすを観察した。

> 結果　・水面に水平に静かに置いたら、1円玉やプラスチックの板は水に浮かんだ。

　　　　・1円玉やプラスチックの板と水面の関係は右の上図のようになる。水面が板の底のふちまで下がり、そこからふくらむように水面が続いている。
　　　　・板Bを水面から引き上げるときには、空中で持ち上げるより大きな力が必要で、まるで水にねばりがあるように感じた（右の下図）。

| 実験2 | 表面張力の大きさが面積でどう変わるかを調べた |

> 方法　容器に水を入れ、4種類の大きさのプラスチックの板を使って、水面から離れる直前の質量を天びんばかりではかった。それぞれ5回測定し、平均値を出した。

A　3 cm × 3 cm　　　B　4 cm × 4 cm　　　C　5 cm × 5 cm　　　D　6 cm × 6 cm

> 結果　次の表と右のグラフのようになった。

部品	1辺の 大きさ	面積	おもりの 質量	1 cm²あたりの 質量
A	3 cm	9 cm²	4.6 g	0.51 g
B	4 cm	16 cm²	8.4 g	0.53 g
C	5 cm	25 cm²	12.7 g	0.51 g
D	6 cm	36 cm²	17.1 g	0.48 g

小数第三位を四捨五入した値

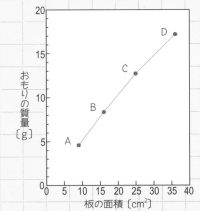

※おもりの質量は、5回はかった平均値です。実際のレポートには、5回分の計測値も書きましょう。

実験3 **表面張力は液体の種類によって、どのように変わるかを調べた**

> **方法** 右のような液体を容器に入れ、プラス
チックの板Bを使って、それぞれの液
面から離れる直前の質量をはかった。
測定はそれぞれ5回行い、平均値を出
して、水の実験結果と比較した。

コップに洗剤を
2、3滴たらす

食酢 洗剤を入れた水 植物油

> **結果** 右の表のようになり、水と食酢はあま
り差がなかったが、台所用洗剤を入れ
た水や植物油では、水よりも小さな質
量でプラスチックの板が持ち上がった。

おもりの質量は、5回はかった平均値

液体	おもりの質量
水	8.4 g
食酢	8.3 g
洗剤入りの水	4.7 g
植物油	6.2 g

まとめと考察

（1）実験1から、ふつうは水に沈むものでも静かに水面に置くことで、表面張力によっ
て浮かべることができるとわかった。

（2）水面に接する面積が大きいほど、引き上げるのに大きな力が必要だった。グラフ
からわかるように、面積の増加にしたがってほぼ直線的に増加している。かかっ
た質量を1 cm^{2}あたりで計算してみると約0.5 gとほぼ一定になり、持ち上げるの
に必要な力が面積に比例しているといってもよいのではないかと思った。

（3）液体の種類がちがうと、表面張力も異なるようだ。水と食酢に比べて、台所用洗
剤入りの水や植物油は表面張力が弱いといえるようだ。

発展研究

洗剤を加えたときの表面張力の変化を調べよう

洗剤を入れた水は、水よりも表面張力が小さいことがわかりました。それでは、水に少しずつ洗剤をたらしていくと、その表面張力は、どう変化するのか続けて実験してみましょう。

準備 台所用洗剤、水、103ページの実験と同じペットボトルの天びんばかりと縦横4㎝のプラスチックの板、スポイトなど

方法
1) 天びんばかりに縦横4㎝のプラスチックの板をつける。
2) 水に洗剤を1滴加えては、何gまでおもりをのせられるか測定していく。

洗剤は別の容器に入れて、スポイトなどでたらす。

結果 洗剤の量がふえていくにつれ、のせられるおもりの質量は小さくなり、表面張力も小さくなることがわかる。しかし、洗剤がある量をこえると、のせることができるおもりの質量に変化がなくなる。

ワンポイント！
- 洗剤を少しずつ加えていくと、界面活性剤（表面に作用して表面の性質を変える物質）の分子が水面をおおっていく。水面の面積まで洗剤が広がると、それ以上広がることができないので、表面張力は一定になる。
- 洗剤は、界面活性剤の濃度が低いものを使った方がのせられるおもりの質量の変化がはっきりし、わかりやすくなる。

サイエンスセミナー

逃げるコショウの粉のひみつ

　水滴が丸かったり、水がコップのふちで盛り上がったりするのは、水の分子がたがいにくっついて表面を小さくしようとまとまるからです。このような力を「**表面張力**」といいます。

　表面張力を簡単な実験で観察してみましょう。容器に水を入れ、表面にコショウの粉をうっすらとまんべんなくふりかけます。コショウの粉は小さな固体ですが、表面張力によって水の分子どうしが引き合って結ばれているため、水中に沈むことができずに膜のように浮かんで広がります。さて、ここで先端に洗剤をつけた割りばしを、水面の真ん中につけてみましょう。すると、サーッとコショウの粉が容器の周囲に逃げていきます。

　洗剤が水の表面で界面活性剤（表面に作用して表面の性質を変える物質。水になじみやすい親水基と水になじみにくい疎水基をもつ）の役割をして広がり、表面の水の分子はまとまろうとして周囲に移動します。その結果、水の分子の上にのっていたコショウの粉が周囲に逃げるように見えるのです。

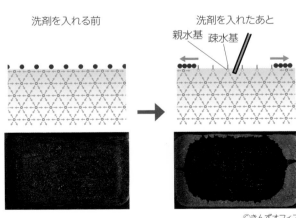

洗剤を入れる前　　　　洗剤を入れたあと
親水基　疎水基

©きんずオフィス

ペットボトル顕微鏡で細胞観察

【研究のきっかけになる事象】
ペットボトルと小さなガラス玉で顕微鏡をつくることができる。

【実験のゴール】
ペットボトル顕微鏡をつくって、細胞を観察してみよう。

用意するもの

▶炭酸飲料のペットボトルとそのふた
（裏が平らで内側に出っ張りがないもの）
▶ガラスビーズ（直径2 mm程度、穴がないもの）
▶セロハンテープ　▶千枚通し　▶発泡スチロールのブロック
▶ピンセット　▶カッター　▶はさみ
▶試料（タマネギ、ティッシュペーパーなど）

実験の手順

準備｜顕微鏡をつくる

炭酸飲料が入っているペットボトルに多い、ふたの内側が青いものがおすすめだよ。

ふたの内側に出っ張りがあると、試料が押しこまれてしまい、うまく観察ができないので注意しよう。

穴はふたの内側からあけよう。

下に発泡スチロールのブロックを置くといいよ。

ビーズを内側にはめることで、観察するものとビーズができるだけ近づけられるようにするよ。

1 ペットボトルのふたに穴をあける。

内側に出っ張りがあるものは×。

内側に出っ張りのないふたを用意する。

ガラスビーズの直径よりも少し小さい穴にする。

ふたの中央に内側から千枚通しで穴をあける。

⚠ **けがをしないように気をつけよう！**

穴のふちにバリが出ている場合は、カッターなどでとり除く。

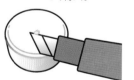

2 ペットボトルのふたの内側から、穴にガラスビーズを1つはめる。

ピンセットでガラスビーズを穴にはめる。

左余白: 試料を小さくしすぎると、見たいものを真ん中に配置するのが難しくなるよ。

3 ペットボトルの上の部分を切りとる。　⚠ けがをしないように気をつけよう！

約 $\frac{1}{3}$

カッターではさみの先が入るくらいの切りこみを入れる。

切りこみにはさみの先を入れて切りとる。

切り口にセロハンテープをはる。

4 試料をセロハンテープにつけて、ペットボトルの口にはる。

タマネギ

白い部分の内側のうす皮

茶色の皮の部分

ティッシュペーパー
2枚重なっていたら1枚にする。

試料は光を通すように、うすいものを用意する。

観察したい部分が中央にくるようにする。

試料をセロハンテープにつけてペットボトルの口にはる。

1 つくった顕微鏡で観察する

左余白: 観察したい位置を変えたいときは、試料をつけたセロハンテープの位置をずらそう。

スケッチするときは、細い1本の線ではっきりとかき、線を重ねたり、影をつけたり、ぬりつぶしたりしない。（129ページ参照）

1 ペットボトルにガラスビーズをつけたふたをしめる。

最後までしっかりふたをしめる（ガラスビーズと試料がいちばん接近した状態）。

2 ペットボトルにつけた試料を明るいほうに向けて、ふたのビーズをのぞく。

⚠ 絶対に太陽などの強い光を見ない！

3 ふたをゆっくり開けていき、ピントが合うところで止める。

ふたを開けると、ガラスビーズと試料が離れていく。

4 試料を観察し、スケッチする。

実験の注意とポイント

- ガラスビーズがレンズのように光を集めて火事にならないように、ガラスビーズは暗所に保管しよう。
- ペットボトルのふたにつけたガラスビーズが外れて、目に入らないように注意しよう。

このレポートはひとつの例です。
実際には、自分で行った実験の結果や考察を書きましょう。

ペットボトル顕微鏡で細胞観察 ○年○組　○○○○

研究の動機と目的

　ペットボトルとガラスビーズで顕微鏡をつくることができると知った。どのくらいよく見えるのか興味をもったので、顕微鏡をつくっていろいろなものを観察しようと思った。

準備したもの

＊ペットボトル　＊ペットボトルのふた
＊ガラスビーズ（直径2mm）　＊セロハンテープ
＊千枚通し　＊発泡スチロールのブロック　＊ピンセット　＊カッター
＊試料（タマネギ、ティッシュペーパー）

- -

実験1　**顕微鏡をつくって、細胞を観察した。**

＞方法

(1) 顕微鏡をつくる。発泡スチロールのブロックの上にペットボトルのふたを置き、ふたの中央に、内側から千枚通しで穴をあけた。

(2) ペットボトルのふたの内側から、穴にガラスビーズをはめた。

(3) ペットボトルを口の部分から3分の1程度切りとり、切り口をセロハンテープでおおった。

(4) 試料をセロハンテープにつけて、ペットボトルの口にはった。今回は試料としてタマネギとティッシュペーパーを用意した。

(5) ペットボトルにガラスビーズつきのふたをしめた。

(6) 顕微鏡で試料を観察し、スケッチした。

〈観察のしかた〉

ペットボトルにつけた試料を明るいほうに向けて、ふたのビーズのところをのぞいた。ふたをゆっくり開けてピントを合わせた。

> 結果

タマネギの白い部分のうす皮

タマネギの茶色の皮

ティッシュペーパー

（まとめと考察）

・ペットボトルとガラスビーズで顕微鏡をつくることができた。
・タマネギでは、細胞壁に囲まれた細胞が並んでいるようすを観察できた。
・ティッシュペーパーでは、繊維がからみ合っているようすを観察できた。
・インターネットで調べてみると（※）、ガラスビーズは凸レンズの役割をしているということだ。今回は2 mmのガラスビーズを使ったが、ガラスビーズの大きさを変えると、見え方が変わるのではないだろうか。

※実際にレポートを書くときは、参考にしたサイトのURLを記しましょう。

ペットボトル顕微鏡のしくみ

　虫めがねのように、ふちよりも中心部が厚いレンズを凸レンズといいます。光軸（凸レンズの中心を通り、レンズの面に垂直な軸）と平行な光が凸レンズに入射すると、光は屈折して1点に集まります。この点を焦点といい、凸レンズの両側にあります。

　虫めがねで遠くのものを見ると、上下左右が逆の像が見えます。これを実像といいます。反対に近くのものを見ると、拡大された像が見えます。これを虚像といいます。

　物体を凸レンズの焦点よりも外側に置くと、物体のある1点から出た光は、凸レンズを通って1点に集まって実像ができます。光が集まる位置にスクリーンを置くと、スクリーン上に像が映ります。

　物体を凸レンズの焦点よりも内側に置くと、凸レンズを通して虚像が見えます。虚像は光が集まってできた像ではないのでスクリーンには映りません。

　ペットボトル顕微鏡で見た像は虚像です。虚像は、物体が焦点に近いほど大きく見えます。また、凸レンズの焦点距離が短いほうがより大きく見えます。

　ペットボトル顕微鏡のガラスビーズは、凸レンズのはたらきをしています。凸レンズはふくらみが大きいほど屈折のしかたが大きくなるので焦点距離が短くなります。球状であるガラスビーズは焦点距離がとても短く、試料が焦点の内側にくるようにガラスビーズに近い位置に置くので、拡大された虚像を見ることができるしくみです。この実験でつくった直径約2mmのビーズを使った顕微鏡では、100〜200倍の大きさで見ることができます。

光学顕微鏡のしくみ

　水中の小さな生物や細胞などを観察するときの顕微鏡は、光学顕微鏡といい、2枚のレンズを組み合わせています。焦点距離が短い対物レンズでつくった物体の実像を、焦点距離が長い接眼レンズで拡大して見ています。

　顕微鏡の倍率は、接眼レンズの倍率×対物レンズの倍率で求められます。一般的な光学顕微鏡は、40〜600倍に拡大して見ることができます。

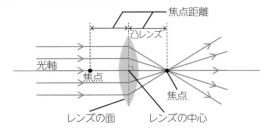

凸レンズを通る光の進み方

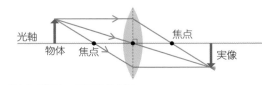

凸レンズによってできる実像

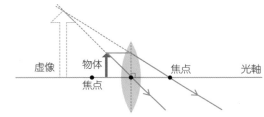

凸レンズによってできる虚像

人の目には、物体から光がまっすぐ進んできたように見えるんだよ。

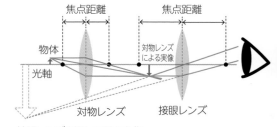

接眼レンズを通して見えた像
（接眼レンズによる虚像）

発展研究

ガラスビーズの大きさを変えて、見え方を比べよう

ペットボトル顕微鏡のガラスビーズの大きさを変えて見え方を比べます。

準備
炭酸飲料のペットボトルとそのふた（裏が平らで内側に出っ張りがないもの）、ガラスビーズ（直径2〜5mm程度を数種類）、
セロハンテープ、千枚通し、目打ち、
発泡スチロールのブロック、ピンセット、カッター、はさみ、
試料（玉ねぎ、ティッシュペーパーなど）

方法
1) それぞれの大きさのガラスビーズを使って、108ページの準備と同じように、ペットボトル顕微鏡をつくる。ペットボトルのふたに穴をあけるとき、直径が大きいガラスビーズの場合は、千枚通しだけでなく、目打ちも使って穴を大きくする。

2) 109ページの実験の手順1と同じように試料を観察してスケッチをし、ガラスビーズの大きさを変えたときの見え方を比べる。

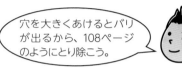

穴を大きくあけるとバリが出るから、108ページのようにとり除こう。

結果
・タマネギの白い部分のうす皮
　1.8〜2mmのガラスビーズが最も観察しやすかった。
　5mmのガラスビーズは、1.8〜2mmよりも見える範囲が広く、拡大倍率は小さくなった。
・タマネギの茶色の部分
　4mmのガラスビーズがもっとも観察しやすかった。
・ティッシュペーパー
　4mmのガラスビーズがもっとも観察しやすかった。1.8〜2mmはほとんど見えなかった。

タマネギの白い部分のうす皮（1.8〜2mmガラスビーズ）

タマネギの白い部分のうす皮（5mmのガラスビーズ）

ワンポイント！
●この実験では、1.8〜2mm、4mm、5mmのガラスビーズを比べている。
●ガラスビーズが小さいほうが、拡大倍率は大きくなる。

⚠ 顕微鏡で絶対に太陽などの強い光は見ないこと！　千枚通しや目打ち、カッターやはさみを使うときはけがに気をつけよう！

サイエンスセミナー

レーウェンフックの顕微鏡

　オランダのレーウェンフックは、研究者や科学者ではありませんでしたが、1つの小さいガラス玉でできたレンズで単式顕微鏡をつくり、世界ではじめて微生物を観察しました。この顕微鏡を用いていろいろなものを観察して、酵母や赤血球、精子などを発見しました。この実験では、レーウェンフックの顕微鏡と同じしくみの顕微鏡をつくっています。

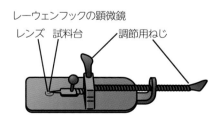

レーウェンフックの顕微鏡
レンズ　試料台　調節用ねじ

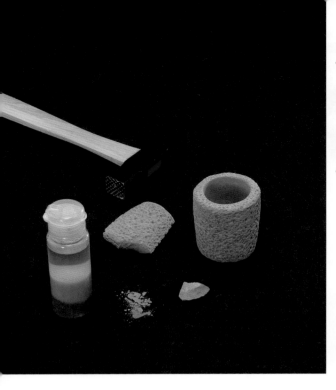

地層のでき方を観察しよう

【研究のきっかけになる事象】
地層をよく見ると、層によって粒の大きさがちがっていたり、1つの層の中で粒の大きさが変化していたりする。

【実験のゴール】
水に流されてきた土砂がどのように沈むのか、実験で確かめてみよう。

用意するもの
- ▶セメントの鉢（または陶器の鉢など）
- ▶透明のふたつきボトル（100 mLほどのもの）3本
- ▶網じゃくしなど（網目が2 mm程度）
- ▶ふるいなど（網目が1 mm程度）　▶保護めがね　▶マスク
- ▶金属製のすり鉢　▶金属製のすりこぎ　▶ハンマー
- ▶水　▶紙（または容器など）　▶新聞紙

実験の手順

準備 ｜ れき、砂、泥をつくる

1 セメントや陶器の鉢を、金属製のすり鉢に入れて砕く。

磁器の鉢はガラス質をふくむので使わないようにしよう。

鉢のかけらが飛び散るので、新聞紙などをしこう。

すり鉢にセメントの鉢などを入れ、ハンマーでたたいて砕く。

すりこぎでさらに細かく砕く。

シリコン製のふたがあると便利。

ふたがあると、鉢を砕くときにかけらが飛び散るのを防げるよ。

⚠ 鉢をハンマーで砕くときは保護めがねとマスクをしよう！　かけらでケガをしないようにしよう！

---

2 網じゃくしやふるいを使い、**1**を粒の大きさで3つに分ける。

目の大きい網→目の小さい網の順でふるい分けよう。

網の目の大きさがわからない場合は、定規ではかってみよう。

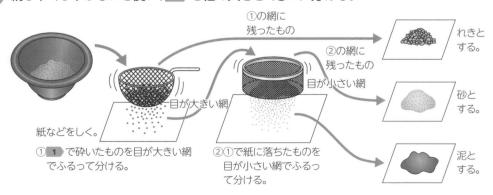

①の網に残ったもの → れきとする。

②の網に残ったもの → 砂とする。

目が小さい網

紙などをしく。

①**1**で砕いたものを目が大きい網でふるって分ける。

②①で紙に落ちたものを目が小さい網でふるって分ける。

目が大きい網

→ 泥とする。

1 れき、砂、泥のそれぞれの沈み方を調べる

折った紙を使ってボトルに入れると入れやすいよ。

1 透明のふたつきボトルに、れき、砂、泥をそれぞれ少しずつ入れる。

2 ボトルに水を入れ、ふたをする。

ふたをする。

れき　　砂　　泥

れき　　砂　　泥

3 3本のボトルを同時に(または2本のボトルを同時に)何度かひっくり返してよく混ぜ、同時に水平な台の上に置き、れき、砂、泥の沈み方を調べる。

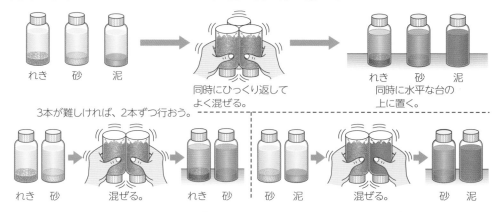

れき　　砂　　泥

同時にひっくり返してよく混ぜる。

れき　　砂　　泥
同時に水平な台の上に置く。

3本が難しければ、2本ずつ行おう。

れき　　砂　　　混ぜる。　　れき　　砂　　　砂　　泥　　　混ぜる。　　砂　　泥

2 れき、砂、泥を混ぜたときの沈み方を調べる

1 れき、砂、泥を、1本の同じボトルの中に少しずつ入れ、水を入れてふたをする。

2 ボトルを何度かひっくり返してよく混ぜ、水平な台の上に置き、沈み方を調べる。

れき、砂、泥を混ぜたもの

ふたをする。

ひっくり返してよく混ぜる。

水平な台の上に置く。

実験の注意とポイント

●網じゃくしやふるいは、茶こしやザルでも代用できるよ。

このレポートはひとつの例です。
実際には、自分で行った実験の結果や考察を書きましょう。

地層のでき方の観察

〇年〇組　〇〇〇〇

研究の動機と目的

　旅行先で地層を見る機会があり、きれいなしま模様をしていた。よく見ると層によって粒の大きさがちがっていた。そこで、大きさのちがう粒を用意して、地層のでき方を調べてみようと思った。

準備
したもの

　＊セメントの鉢　＊透明のふたつきボトル3本
　＊網じゃくし（網目1.5mm）　＊ふるい（網目0.8mm）
　＊保護めがね　＊マスク　＊金属製のすり鉢　＊金属製のすりこぎ
　＊ハンマー　＊水　＊紙　＊新聞紙

- -

　実験準備として、セメントの鉢をハンマーで砕き、さらに金属製のすり鉢とすりこぎで砕いた。砕いたものを網じゃくし（網目1.5mm）→ふるい（網目0.8mm）の順にふるい分けて、網じゃくしに残ったものをれき、ふるいに残ったものを砂、下に落ちたものを泥とした。

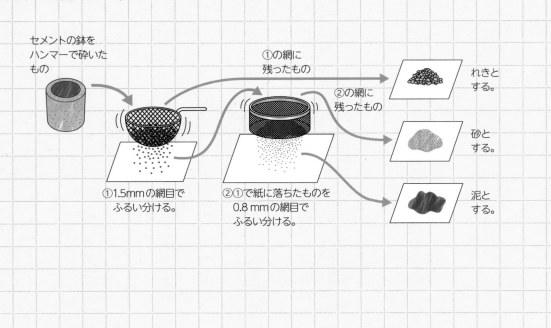

セメントの鉢を
ハンマーで砕いた
もの

①1.5mmの網目で
ふるい分ける。

①の網に
残ったもの

②の網に
残ったもの

②①で紙に落ちたものを
0.8mmの網目で
ふるい分ける。

れきと
する。

砂と
する。

泥と
する。

実験1 **れき、砂、泥のそれぞれの沈み方を調べた。**

> 方法　(1) 3本の透明のふたつきボトルにれき、砂、泥をそれぞれ少しずつ入れた。
> (2) ボトルに水を入れてふたをした。
> (3) れきと砂の2本のボトルを同時にひっくり返してよく混ぜ、同時に水平な台の上に置き、沈み方を調べた。
> (4) 砂と泥の2本のボトルを同時にひっくり返してよく混ぜ、同時に水平な台の上に置き、沈み方を調べた。

> 結果　れきと砂では、れきのほうがはやく沈んだ。
> 砂と泥では、砂のほうがはやく沈んだ。
> →はやいものから順に、れき、砂、泥と沈んだ。

- -

実験2 **れき、砂、泥を混ぜたときの、沈み方を調べた。**

> 方法　(1) れき、砂、泥を1本の同じボトルに入れ、水を入れてふたをした。
> (2) ひっくり返してよく混ぜ、水平な台の上に置き、沈み方を調べる。

> 結果　下から、れき→砂→泥の順に層になった。

- -

まとめと考察

・粒の大きさは、れき＞砂＞泥なので、実験1より、粒の大きいものほどはやく沈むことがわかった。

・実験2より、いろいろな大きさの粒を混ぜると、大きい粒が下になり、上にいくにしたがって粒の大きさが小さくなっていくことがわかった。実験1で粒の大きいものほどはやく沈むことがわかったが、この沈むはやさのちがいが、れき→砂→泥の層に分かれる原因だと考えられる。

117

地層のでき方

　地表の岩石は、長い年月をかけて気温の変化や風雨のはたらきなどによってもろくなり、表面からくずれていきます。これを風化といいます。また、流れる水は岩石をけずりとります。このようなはたらきで、岩石がれき、砂、泥となります。れき、砂、泥は、右の表のように、粒の大きさのちがいで分けられています。

　地層の多くは、流水のはたらきによってできます。れき、砂、泥が川の下流へと運ばれ、海に流れこむと堆積します。粒が大きいものほどはやく沈むため、粒の大きいれきは海岸近くで堆積し、粒の小さい泥は海岸から離れた沖のほうまで運ばれて堆積します。

　また、洪水などで一度に堆積してできた1つの層では、粒の大きなものほどはやく沈むため、層の下のほうには大きい粒が、上のほうには小さい粒が堆積します。

れき、砂、泥の大きさ

	れき	砂	泥
粒の直径	2mm以上	$\frac{1}{16}$〜2mm	$\frac{1}{16}$mm以下

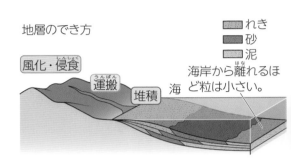

地層のでき方

地層の上下の見分け方

　地層のほとんどは下から上へ重なっていくので、ふつうは下のほうが古く、上のほうが新しくなります。しかし、長い年月の間に地層に大きな力がはたらき続け、地層がおし曲げられたり（しゅう曲）、傾いたりすると、地層の上下が逆転することがあります。

　地層の上下を見分けるには、粒の大きさを見てみます。上で述べたように、1つの層では粒が大きいほうが下になるので、これが逆になっていたら地層が逆転していることになります。

　地層が堆積した時代がわかる示準化石も地層の上下を見分ける手がかりになります。中生代の示準化石であるアンモナイトがふくまれている層の上に、古生代の示準化石であるフズリナをふくむ層があった場合、その地層は上下が逆転していると考えられます。

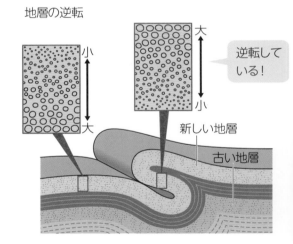

地層の逆転

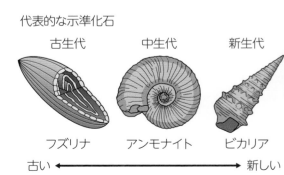

代表的な示準化石

発展研究

噴砂を観察してみよう

振動によって地層にどんな変化が起こるか確かめます。

準備 セメントの鉢（または陶器の鉢など）、透明のふたつきボトル1本、網じゃくしなど（網目が2mm程度）、ふるいなど（網目が1mm程度）、保護めがね、マスク、金属製のすり鉢、金属製のすりこぎ、ハンマー、水、紙（または容器など）、新聞紙、マジックペン

方法
1) 114ページと同じような手順で、れき、砂、泥をつくる。
2) れき、砂、泥を1本の同じボトルの中に少しずつ入れ、水を入れてふたをする。何度かひっくり返してよく混ぜ、れき、砂、泥が沈むまで待つ。
3) れき、砂、泥の動きがだいたい落ち着いたら、堆積しているもののいちばん上の部分（堆積面）にマジックペンで印をつける。
4) ボトルを指で弾いて振動を与えて、そのときのれき、砂、泥の動きを観察する。

結果 ボトルを指で弾くと、すぐに泥が下から上に向かって移動し、堆積面から噴き上がるようすが見られた。何度か弾くと、堆積面はマジックペンの位置よりも下がった。

堆積面にマジックペンでボトルに印をつける。

ボトルを指で弾いて、地層に起こる変化を観察する。

ワンポイント！
- ボトルは、底面積の小さい、細長いもののほうが観察しやすい。
- 動画を撮っておくと、れき、砂、泥の動きをくり返し確かめることができる。

サイエンスセミナー

液状化現象と噴砂

　ふつう、地盤は土砂などで構成され、砂の粒どうしがひっかかり、そのすきまに空気や水がふくまれた状態になっています。地震などで地盤がゆすられると、砂の粒がばらばらになって、すきまがつまり、間にあった空気や水が追い出されます。このようにして、地面全体が液体のようになり、建物などを支える力を失う現象を液状化現象といいます。液状化が起こると、大きな力がかかった水が地表面に噴き出してきます。そのときに周囲の砂も一緒に噴き出してくることがあり、これを噴砂と呼びます。特にゆるい砂の地盤では、地震によって液状化現象が起きやすく、大きな被害となることがあります。

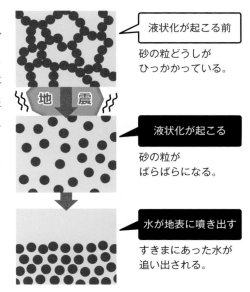

液状化が起こる前
砂の粒どうしがひっかかっている。

地震

液状化が起こる
砂の粒がばらばらになる。

水が地表に噴き出す
すきまにあった水が追い出される。

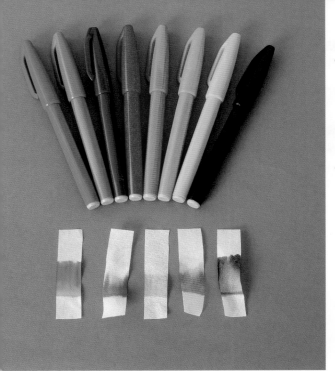

サインペンの色を分けてみよう

【研究のきっかけになる事象】
水にぬれるとサインペンのインクがにじむことがある。実はサインペンの色はいろいろな色が混ざってできている。

【実験のゴール】
クロマトグラフィーという混合物を分離させる方法を使って、サインペンのインクにふくまれている色を分けて観察してみよう。

用意するもの
▶コーヒーフィルターなど（水がしみこみやすい紙）
▶黒の水性ペン（数種類）
▶赤や青などさまざまな色の水性ペン
▶はさみ　▶ペットボトルのふたなど（水が少し入る容器）
▶キッチンペーパー　▶水　など

実験の手順

1 黒い水性ペンの色を分ける

コーヒーフィルターは白いものを使おう。
紙が重なっている部分は切りとろう。

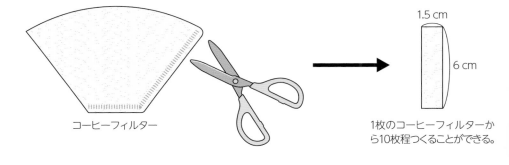

1 コーヒーフィルターなどの紙を1.5 cm×6 cm程度の短冊形にカットする。

コーヒーフィルター

1.5 cm
6 cm

1枚のコーヒーフィルターから10枚程つくることができる。

⚠ はさみでケガをしないように！

2 短冊の下の辺から1.5 cm程度の位置に、用意した数種類の黒の水性ペンで、それぞれ線をかく。

約1.5 cm

3 ペットボトルのふたを容器にして、7 mmくらいまで水を入れる。

4 短冊の線がかいてあるほうを下にして手で持ち、下から約1mmを  の水につける。

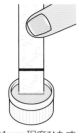

水に1mm程度ひたす。 線を水につけない。

5 水が短冊の上までしみたら、キッチンペーパーの上などで乾かす。

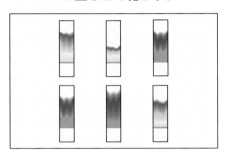

6 色の分かれ方を観察する。

2 いろいろな色の水性ペンの色を分ける

1 実験の手順1と同じようにして、いろいろな色の水性ペンの色を分けて、観察する。

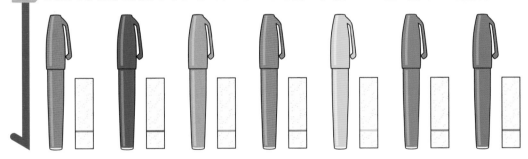

実験の注意とポイント

●水性ペンでも乾くと水に強いペン(水性顔料)の場合は、色が分かれにくかったり、色が分かれなかったりすることもあるよ。

このレポートはひとつの例です。
実際には、自分で行った実験の結果や考察を書きましょう。

サインペンの色を分ける実験　　○年○組　○○○○

研究の動機と目的

　黒いペンのインクはいろいろな色が混ざってできているということを知った。調べると、ペーパークロマトグラフィーという方法で色を分けることができるらしいので、試してみることにした。

準備したもの

　※コーヒーフィルター　※水
　※黒の水性ペン（8種類）　※赤や青などさまざまな色の水性ペン（10種類）
　※はさみ　※ペットボトルのふた　※キッチンペーパー

実験1　黒い水性ペンの色を分けた。

>方法
（1）コーヒーフィルターを1.5 cm × 6 cmに切って、短冊をつくった。
（2）短冊の下から1.5 cmの位置にそれぞれ黒の水性ペンで線をかいた。
（3）ペットボトルのふたに水を入れた。
（4）短冊の線がかいてあるほうを下にして手で持ち、下側1mm程度を（3）の水につけた。
（5）水が短冊の上までしみたら、キッチンペーパーの上で乾かした。
（6）色の分かれ方を観察した。

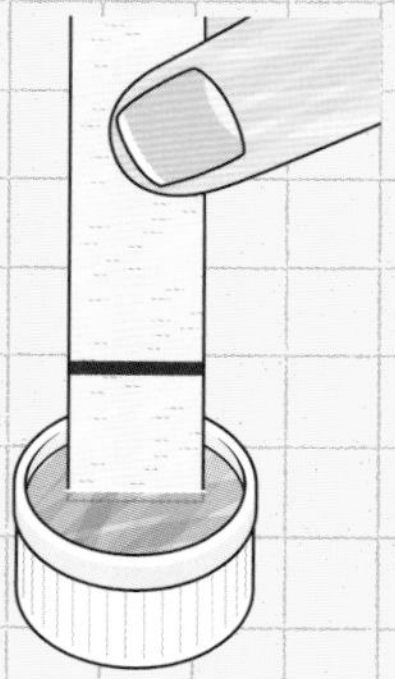

>結果

①　②　③　④

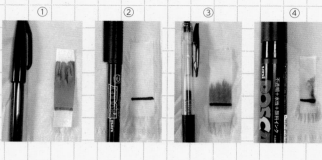

122

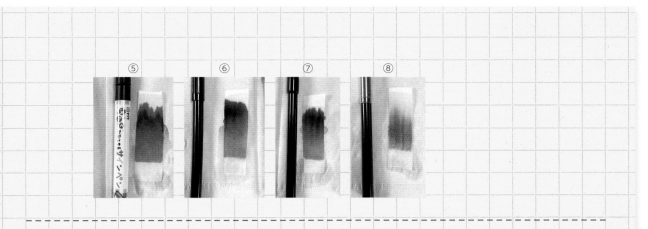

⑤ ⑥ ⑦ ⑧

- -

実験2 **いろいろな色の水性ペンの色を分けた。**

＞方法　　実験1と同じようにして、いろいろな色の水性ペンの色を分けて、観察した。

＞結果

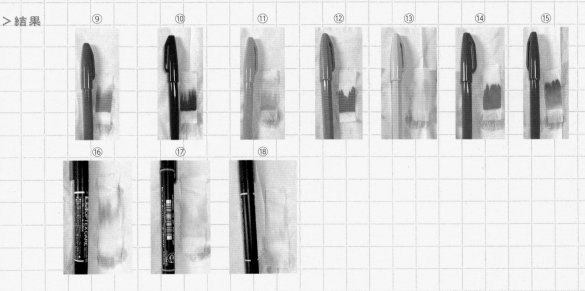

⑨ ⑩ ⑪ ⑫ ⑬ ⑭ ⑮

⑯ ⑰ ⑱

- -

（まとめと考察）

・いろいろな色に分かれるインクと分かれないインクがあった。水性ペンでも顔料インクを
　使ったペンは、色が分かれなかった（②）。調べると、顔料インクは水にとけないようだ。
　この実験ではインクが水にとけて紙の上のほうまで移動するようなので、顔料インクの色
　が分かれなかったのは水にとけないためだと考えられる。

・実験1では、黒いペンでも、種類によって混ざっている色がちがうようだ。

・実験2では、⑨赤、⑩青、⑪オレンジ、⑮緑は混ざっている色が出てきた。⑫ピンク、⑬
　黄色、⑭水色は色が分かれていないように見えた。また、⑫ピンク、⑬黄色、⑭水色は、
　家にあるプリンターのインクの色と似ていた。これらは色の三原色に近い色のため、色が
　分解されなかったと考えられる。

どうして色が分けられたの?

　サインペンの色は1つの色でつくられているように見えますが、実はいろいろな色素の組み合わせでできています。

　120ページの実験で、紙の端を水につけると水が上に上がっていきます。これを毛細管現象といいます。水性ペンでかいた線を水が通過すると、水はインクをとかしながら上がっていきます。インクには何種類かの色素がふくまれ、色素によって性質がちがうため、水にとけやすく紙にくっつきにくい色素は上まで移動し、水にとけにくく紙にくっつきやすい色素は下のほうで止まってしまいます。

　このように色素の水へのとけやすさや紙へのくっつきやすさのちがいによって、色素が分解されるのです。こうして混合物からそれぞれの物質を分離する方法をクロマトグラフィーといい、紙を用いて行うものは特にペーパークロマトグラフィーとよばれます。紙や水の代わりにほかのものを使ったクロマトグラフィーが何種類もあります。今から100年以上前に発見された方法ですが、今でも薬学、医学、化学などの幅広い分野の研究で利用されています。

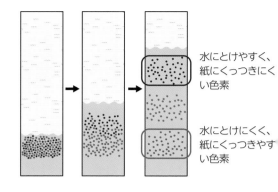

水にとけやすく、紙にくっつきにくい色素

水にとけにくく、紙にくっつきやすい色素

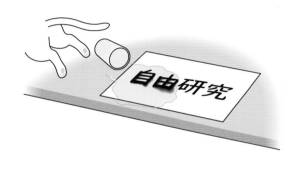

三原色

　プリンターで使われるインクには、イエロー(黄)、マゼンタ(赤紫)、シアン(青緑)がありますね。これを「色の三原色」といいます。これらの色の組み合わせを変えて混ぜることで、ほぼすべての色をつくることができます。絵の具のように、3色を混ぜれば混ぜるほど色は暗くなり、黒に近づいていきます。黒いサインペンにもいろいろな色がふくまれていましたね。ただし、三原色の3色は、ほかの色を混ぜてつくることはできません。

　また、これと似たものに「光の三原色」があります。光の三原色は赤、緑、青です。これも3つの色の光を組み合わせて重ねることで、あらゆる色をつくれますが、光を重ねるほど色はどんどん明るくなって、最後は白になります。太陽光が白く見えるのはいろいろな色の光が混ざっているからです。

色の三原色

シアン

黒

イエロー　マゼンタ

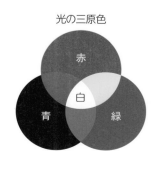

光の三原色

赤

白

青　緑

発展研究

鉛筆や油性ペンなどで色が分かれるか調べよう

鉛筆や油性ペンでも、同じ方法で色を分けることができるか調べます。

準備 鉛筆、油性ペン、乾くと水に強くなる水性ペン、コーヒーフィルターなど、はさみ、ペットボトルのふた、キッチンペーパーなど

方法 短冊にかく線を、鉛筆や油性ペン、乾くと水に強くなる水性ペンに代えて、120ページの実験の手順1と同じように実験をする。

結果 鉛筆や油性ペンでは色が分かれなかった。乾くと水に強い水性ペンも色が分かれにくかった。

鉛筆

油性ペン

乾くと水に強い水性ペン

ワンポイント！ ●水にとけない色は動かない。油性ペンの色を分けるには、エタノールなどのインクがとける液体を使う。

水以外の液体で色が分かれるか調べよう

食塩水やアルコール、重そう水、クエン酸でも、同じ方法で色が分かれるか調べます。

準備 水性ペン（121ページの実験の手順2で色がよく分かれたもの）、食塩、アルコール、重そう、クエン酸、水、コーヒーフィルターなど、はさみ、ペットボトルのふたなど、キッチンペーパーなど、コップ

方法
1) 食塩水、重そう水、クエン酸水をつくる。水に食塩、重そう、クエン酸をそれぞれとけるだけとかす。
2) ペットボトルのふたに入れる液体を食塩水に代えて、120ページの実験の手順1と同じように実験をする。
3) 2) と同じように、アルコール、重そう水、クエン酸水でも実験する。

結果 アルコールでは、オレンジのペンで色が分かれる順番が水と逆になった。クエン酸水では、どの色もあまり色が分かれなかった。

とけるだけとかし、その上澄み液を使う。

水のときと比べると、オレンジは、アルコールで色が逆になっているね！

ワンポイント！ ●アルコールは燃焼用アルコールを使っている。近くで火を使わないように注意する。

⚠ はさみでケガをしないように！　アルコールの近くで火を使わない！

カフェインをとり出してみよう

【研究のきっかけになる事象】
緑茶やコーヒー、紅茶などにふくまれるカフェインはとり出すことができる。

【実験のゴール】
緑茶の茶葉からカフェインをとり出して観察してみよう。

用意するもの
▶緑茶の茶葉（番茶ではなく煎茶を使う）　▶すり鉢
▶すりこぎ　▶ホットプレート　▶アルミニウムはく
▶スプーン　▶ルーペ（虫めがね）　▶軍手

実験の手順

準備｜茶葉を準備する

1 緑茶の茶葉をすり鉢とすりこぎを使ってすりつぶし、粉状にする。

すりつぶしていない茶葉も使うので、その分を残しておこう。

5ｇ程度

すり鉢に緑茶の茶葉を入れる。

すりこぎで粉状になるまですりつぶす。

2 ホットプレートにアルミニウムはくをしいて、**1** の茶葉の粉をスプーンでうすくしく。

茶葉はうすくしこう。その上に葉や茎の大きいものがあると、そこに結晶がつきやすいよ。

アルミニウムはく

うすくしく。

3 **2** の粉の茶葉の上に、すりつぶしていない茶葉を置く。

すりつぶしていない茶葉
（茎もしくは葉が丸まったもの数本）

粉状にした茶葉

1 カフェインをとり出す

1 **ホットプレートを約180 ℃に加熱する。**

数分加熱すると、茶葉が熱せられて
白い煙が発生する。

180℃

細かい温度調節
が難しい場合は、
白い煙が発生す
るまで加熱しよ
う。

⚠ やけどに注意しながら、こまめに換気(かんき)をしよう!

2 **加熱して少し冷ます、また加熱して少し冷ますを
くり返し、茶葉の表面に白い結晶が現れたら、加
熱をやめる。**

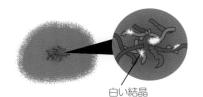
白い結晶

白い針のような
ものが結晶だよ。

3 **十分に冷えたら、手に軍手をして、
茶葉がくずれないようにアルミニ
ウムはくごと移動させてテーブル
の上に置く。**

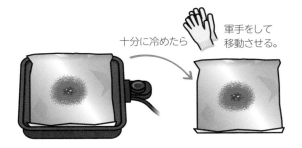
十分に冷めたら　軍手をして
移動させる。

4 **ルーペや虫めがねで結晶を観察し、そのようすをス
ケッチする。**

実験の注意とポイント

- 粉状の茶葉の上に置いたすりつぶしていない茶葉に小さな結晶がつき、それが核になって成長する
よ。
- 自動温度調節つきのホットプレートでは、温度が上がりすぎると自動で停止するので、少し待って
からもう一度加熱しよう。

レポートの実例

このレポートはひとつの例です。
実際には、自分で行った実験の結果や考察を書きましょう。

カフェインをとり出す実験

〇年〇組　〇〇〇〇

研究の動機と目的

カフェインは、眠気を覚ます効果があり、お茶やコーヒーなどにふくまれていると聞く。緑茶の茶葉を加熱するとカフェインをとり出すことができると知って、やってみたいと思った。

準備したもの

＊緑茶の茶葉　＊すり鉢　＊すりこぎ
＊ホットプレート　＊アルミニウムはく
＊スプーン　＊ルーペ　＊軍手

実験1　茶葉を加熱したときの様子を観察した。

＞方法

(1) 茶葉をすり鉢とすりこぎを使ってすりつぶし、粉状にした。
(2) ホットプレートにアルミニウムはくをしいて、茶葉の粉をうすく広げた。
(3) 粉の茶葉の上に、すりつぶしていない茶葉を置いた。

すりつぶしていない茶葉
（茎もしくは葉が丸まったものを数本）
粉状にした茶葉

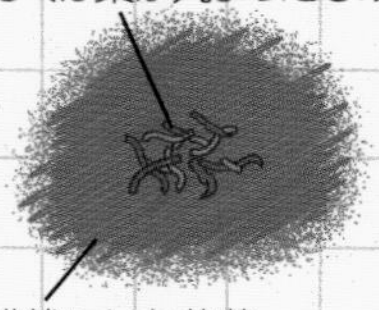

(4) ホットプレートを180℃に加熱した。
(5) 加熱して少し冷ますをくり返し、茶葉の表面に白い結晶が現れたら、加熱をやめた。
(6) 十分に冷えてから、ルーペで結晶を観察し、スケッチした。

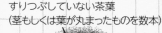

> 結果　ホットプレートで加熱してから数分後に、茶葉から白い煙が
　　　　出てきた。
　　　　粉の茶葉の上に置いたすりつぶしていない茶葉に、白い針の
　　　　ような結晶が成長した。

（ わかったこと・考察 ）

・調べてみるとカフェインの結晶は白い針状をしているとあった。そのため、実験で得られ
　たものはカフェインの結晶であると考えられる。
・カフェインは固体から直接気体になる（または気体から直接固体になる）性質があるとの
　ことだ。今回の実験では、茶葉を加熱したことにより茶葉にふくまれるカフェインが固体
　から気体に変化し、再び冷やされて固体になったことで、結晶ができたと考えられる。

基本情報

スケッチのしかた

　スケッチをするときは、よくけずった鉛筆を使い、細い1本
の線と小さな点ではっきりとかきます。線を重ねたり、影をつけ
たり、ぬりつぶしたりしないようにしましょう。また、見えるも
のすべてをかくのではなく、記録して伝えたいものだけを対象に
してかきます。

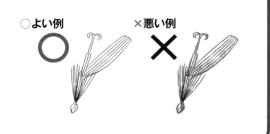

カフェインはどうしてとり出せたのか

　カフェインは、液体を経ずに**固体から直接気体になる（昇華する）**物質で、178 ℃で昇華します。また、カフェインの気体は冷えると直接固体になります。この性質を利用して茶葉からカフェインをとり出すことができます。

　茶葉を加熱すると、粉状の茶葉から固体のカフェインが昇華して気体となって出てきます。この気体が冷やされると固体（結晶）になり、上に置いたすりつぶしていない茶葉の表面につきます。カフェインの結晶は白い針状をしていて、においはありません。

©アフロ

昇華する物質

　物質は、ふつう固体⇄液体⇄気体と状態変化しますが、カフェインやドライアイス（二酸化炭素の固体）、ナフタレン、ヨウ素などは、固体⇄気体と変化します。これを昇華といいます。ドライアイスは温度が上がっても液体にならないので、食品などをぬらすことがなく、保冷剤として利用されます。また、冬の風がない晴れた日の冷えこんだ朝に見られる霜は、空気中の水蒸気が0 ℃以下に冷やされて、直接固体の氷になったものです。

物質の状態変化

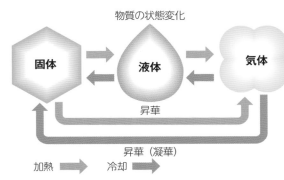

気体から固体への変化を凝華とよぶこともあります。

カフェインの影響

　緑茶やコーヒー、紅茶などにふくまれるカフェインは食品の成分の1つで、中枢神経を興奮させる作用があり、眠気を覚ましたり集中力を高めたりする効果があります。風邪薬や酔い止め薬などの医薬品にも利用されています。

　しかし、カフェインを過剰に摂取するとめまいや心拍数の増加、震え、頭痛、吐き気などを引き起こします。特にエナジードリンクや眠気覚ましをうたった清涼飲料水などには多くふくまれているので、とりすぎには注意しましょう。

飲み物にふくまれているカフェインの量

飲み物	100 mLあたりのカフェイン量
コーヒー	60 mg
緑茶（せん茶）	20 mg
ウーロン茶	20 mg
紅茶	30 mg
エナジードリンク	32〜300 mg

コーヒーやお茶は浸出液の値。入れ方や製品によってカフェイン量は異なります。
出典：農林水産省ウェブサイト「カフェインの過剰摂取について」

発展研究

ウーロン茶や紅茶からカフェインをとり出そう

ウーロン茶や紅茶の茶葉からもカフェインをとり出せるか調べます。

準備 ウーロン茶の茶葉、紅茶の茶葉、すり鉢、すりこぎ、
ホットプレート、アルミニウムはく、軍手、
スプーン、ルーペ（虫めがね）

方法 127ページの実験と同じようにして、ウーロン茶や紅茶の茶葉で
カフェインがとり出せるか調べる。

結果 緑茶と同様に、微量ではあるが、カフェインの結晶が成長した。

ウーロン茶　　　　　　　　　　　　紅茶

ワンポイント！　●ウーロン茶と紅茶からも緑茶と同じように白い針状の結晶が出てくるので、カフェインがふくまれていると考えられる。

⚠ やけどに注意！　換気もしよう！

サイエンスセミナー

緑茶、ウーロン茶、紅茶のちがいは?

　緑茶、ウーロン茶、紅茶は、どれもツバキ科の「チャノキ」という植物の葉からつくられます。これらのちがいは、発酵の度合いです。発酵させないのが緑茶、半分発酵させたのがウーロン茶、完全に発酵させたものが紅茶です。発酵度合いが異なると味や香り、色も変わってきます。

　チャノキはカフェインをつくり出す性質があるので、緑茶、ウーロン茶、紅茶にはカフェインがふくまれています。

　一方、麦茶やとうもろこし茶は、原料が大麦やとうもろこしなのでカフェインはふくまれていません。

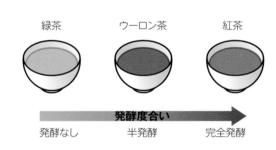

緑茶　　　　ウーロン茶　　　　紅茶

発酵度合い

発酵なし　　　半発酵　　　完全発酵

雨粒の大きさを見てみよう

【研究のきっかけになる事象】
土砂降りの強い雨と、しとしとと降る弱い雨では、降ってくる雨粒の大きさがちがっている。

【実験のゴール】
実際に雨粒をつかまえて、大きさを調べてみよう。

用意するもの

▶ シャーレ(ふちのある底の浅い皿でもよい)
▶ 小麦粉　▶ ふるい　▶ スプーン　▶ ボウル
▶ クリアファイルなど(ふた用)　▶ 黒い紙
▶ タイマー(5秒計測用)

実験の手順

準備 | 実験の装置を用意する

1 実験で使う容器の面積を計算する。

ふるった小麦粉の厚さを10mm程度にしておくと、雨が強い場合でも小麦粉が容器の底に貼りつかないよ。

円の面積は
半径×半径×3.14

直径

容器の直径をはかって、面積を求める。

2 容器に小麦粉をふるっておおう。

皿に小麦粉をふるったあと、スプーンでならす。

3 クリアファイルなどでふたをする。

容器のふちについた小麦粉は拭きとっておこう。

準備はできたよ!
雨が降るまで待とう!

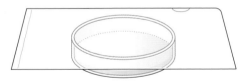

ふたをする。

1 雨粒の大きさや数を調べる

皿を地面に置くと、地面ではね返った雨が入ってしまう可能性があるので、地面に置かないで台の上で行うようにしよう。

1 雨が降っているときに、準備していた装置を外に出す。ふたを外して雨を当て、5秒たったらふたをする。

雨が当たらないようにふたをしたまま外に出す。

ふたを外し、5秒間雨にさらす。

5秒たったら、ふたをする。

2 室内にもどって、皿の中の小麦粉をふるう。

ボウル

3 ふるいの上に残った小麦粉の粒を黒い紙の上に置く。

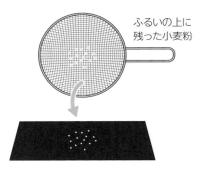

ふるいの上に残った小麦粉

4 雨粒の大きさや数を調べる。皿の面積から、1 cm²あたりの粒の数を計算する。

粒の数÷皿の面積だから…

実験の注意とポイント

● 雨はいつ降るかわからないので、いつでも実験できるように準備をしておこう。
● 雨の強い日や弱い日で実験して、結果を比べてみよう。
● 雨に当たったときはよく拭いて、風邪をひかないようにしよう。
● 実験をした時刻の降水量を気象庁のサイトで調べ、記録しよう。

雨の粒の大きさを調べる実験　〇年〇組　〇〇〇〇

研究の動機と目的

　強い雨が当たると粒の感触（かんしょく）がわかるが、弱い雨だとほとんど感じない。雨粒はどれくらいの大きさをしているのか気になったので、調べてみようと思った。

準備したもの

＊シャーレ　＊小麦粉　＊ふるい　＊スプーン
＊ボウル　＊クリアファイル　＊黒い紙　＊タイマー

次のような装置を準備した。

シャーレの直径
をはかって、面
積を求めた。

シャーレに小麦粉
をふるってスプーン
でならした。

クリアファイルで
ふたをした。

実験1　雨粒の大きさや数を調べる。

> 方法

（1）雨が降っているときに、準備していた装置を外に出した。

（2）ふたを外して雨を当て、5秒たったらふたをした。

（3）室内にもどり、皿の中の小麦粉をふるった。

（4）ふるいの上に残った小麦粉の粒を黒い紙の上に置いた。

（5）雨粒の大きさや数を調べた。

（6）皿の面積から1cm^{2}あたりの粒の数を計算した。

（7）気象庁のサイトからその時間帯の降水量を調べ、記録した。

> 結果　　・シャーレの面積…69 cm^2

$\left(\begin{array}{l}\text{シャーレの直径は9.4 cmだったので、}\\ \text{半径は、 9.4 cm÷2＝4.7 cm}\\ \text{4.7 cm×4.7 cm×3.14＝69.3…cm}^2\end{array}\right)$

・とり出せた雨粒
（大雨の日と小雨の日で実験して比べた。）

	大雨の日（7月xx日）	小雨の日（8月xx日）
1時間あたりの降水量〔mm〕	25.0	0.5
とり出せた雨粒の数	7粒	2粒
雨粒の大きさ		
1 cm^{2}あたりの雨粒の数	0.1粒	0.03粒

$\left(\begin{array}{ll}\text{1 cm}^2\text{あたりの} & \text{大雨の日…7粒÷69 cm}^2\text{＝0.10…粒/cm}^2\\ \text{雨粒の数の計算} & \text{小雨の日…2粒÷69 cm}^2\text{＝0.028…粒/cm}^2\end{array}\right)$

- -

（まとめと考察）

・大雨の日は粒が大きく、小雨の日は粒が小さかった。

・大雨の日のほうが、小雨の日より1 cm^{2}あたりの雨粒の数が多かった。

・『イラスト図解　よくわかる気象学　第2版』（中島俊夫著、ナツメ社）によると、雲粒
　の大きさは半径約0.01 mmほどで、それが集まって雨粒となって降り、雲が厚いと雨粒
　どうしが衝突してより大きくなるとのことだ。

・大雨の時の雨粒が大きいのは、集まる雲粒の量が多いということであり、大雨の時の雲
　は厚いということが考えられる。

雨粒の大きさ

　水蒸気をふくむ空気が上昇すると、上空の気圧が低いために膨張して温度が下がり、やがて水蒸気の一部が小さな水滴や氷の粒（雲粒）になって雲ができます。雲粒の大きさは、直径0.001〜0.02 mmほどです。雲粒はとても小さく、上昇気流に支えられてほとんど落ちてきません。

　雲粒どうしがぶつかって合体するなどして大きくなり、上昇気流では支えきれなくなると、地上に落ちてきます。水滴がそのまま落ちてきたり、氷の粒が落ちてくる途中でとけて水滴になったりしたものが雨です。氷の粒がとけずに落ちてくると雪になります。

　雨粒の平均的な大きさは、直径1〜2 mm程度です。霧雨では直径0.1〜0.5 mm、雷雨などのときは直径5〜6 mmくらいです。大きくなりすぎると、多くの場合、途中で分裂して小さい水滴になってしまいます。

　雲粒を直径0.01 mm、雨粒を直径1 mmとすると、1個の雨粒ができるのに、およそ100万個の雲粒が集まってできていることになります。

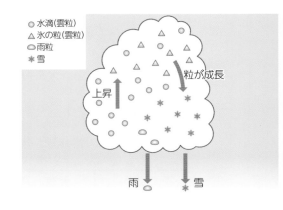

○ 水滴(雲粒)
△ 氷の粒(雲粒)
◎ 雨粒
❋ 雪

上昇　粒が成長

雨　❋雪

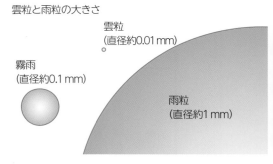

雲粒と雨粒の大きさ

雲粒
(直径約0.01 mm)

霧雨
(直径約0.1 mm)

雨粒
(直径約1 mm)

雨粒はどんな形をしているの？

　雨粒をしずく型にかいた絵をよく見かけますよね。でも、実際はしずく型ではありません。

　液体には、その表面積をできるだけ小さくしようとする力（表面張力）がはたらくので、雨粒は球形になろうとします。また、雨粒が空気中を落ちてくるときには、空気の抵抗を受けます。雨粒が小さいときは球形をしていますが、雨粒が大きくなると、表面張力の球形になろうとする力よりも雨粒が受ける空気の抵抗のほうが大きくなり、雨粒の底が平らになってまんじゅうのような形になります。

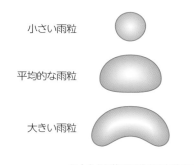

小さい雨粒

平均的な雨粒

大きい雨粒

※大きさの比は正確ではありません。

雨粒の落ちる速さ

　雨粒には重力がはたらいているので、落ちはじめのうちは速さがだんだん速くなりますが、落下速度が速くなるほど受ける空気の抵抗が大きくなり、重力と空気の抵抗が同じ大きさになると、一定の速さで落ちるようになります。雨粒が大きいものほど落ちる速さが速くなります。細かい雨（直径0.5 mm）で約2.2 m/s、一般的な雨（直径1 mm）で約6.2m/s、強い雨（直径3 mm）では約7〜8 m/sになります。

発展研究

雨の量を調べよう

長時間にわたって降る雨の降水量を調べます。

準備 透明アクリルケース(直方体や円柱状の容器)、油性ペン、タイマー(60分計測用)

方法
1) 雨が降り出す前に透明アクリルケースを雨水をためられそうなところに置いておく。
2) 雨の降り始めから、降り終わりまで、60分おきに観察して、水面の位置に油性ペンで印を書く。
3) 書いた印から60分ごとの降水量を計算する。

結果 10時から17時までの60分ごとの降水量〔mm〕は右のグラフのようになった。
最も降水量が多かった16時台は、雨の勢いが明らかに強かった。

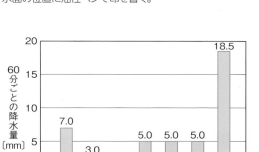

ワンポイント!
- ●天気予報で雨が降りそうかを確認しておこう。
- ●雨が強いときは、危険なので、川や雨水が集まるところなどには近づかないようにしよう。

サイエンスセミナー

雨の強さと降り方

　降水量は、降った雨がどこにも流れ去らずにそのままたまった場合の水の深さのことで、mmで表します。

降水量(1時間雨量)〔mm〕	雨の強さ	人の受けるイメージ	人への影響
10〜20	やや強い雨	ザーザーと降る	地面からのはね返りで足元がぬれる
20〜30	強い雨	どしゃ降り	傘をさしていてもぬれる
30〜50	激しい雨	バケツをひっくり返したように降る	
50〜80	非常に激しい雨	滝のように降る(ゴーゴーと降り続く)	傘は全く役に立たなくなる
80〜	猛烈な雨	息苦しくなるような圧迫感がある。恐怖を感ずる	

出典:気象庁リーフレット「雨と風」

137

その他のテーマ集

私たちの身のまわりは、自由研究のテーマになる現象にあふれています。そんな研究テーマのいくつかをここで紹介します。

1 手間なしでハイレベルな研究
鉄くぎを使ったさびの研究

鉄はさびやすいといわれますね。では、どんな状態のときにさびやすいのでしょうか？　鉄くぎをいろいろな液体に入れたり、液体でぬらしたりして、さびていくようすを調べてみましょう。

方法 (1) コップを5個用意し、水、食塩水、砂糖水、食酢、サラダ油を入れ、それぞれに鉄くぎ（表面がコーティングされている場合は紙ヤスリをかける）を1本入れます。また、それぞれの液体に別の鉄くぎ1本をつけたあと、コップの上にのせます。
(2) 1時間後、2時間後、1日後のようすを観察して、比較します。

結果 液体中に鉄くぎを入れた場合、食酢では1時間ほどでさび始めますが、サラダ油では1日たってもさびません。水、食塩水、砂糖水では、2時間ほどでさび始めます。ぬらしたものでは、食塩水につけた鉄くぎが最も早くさびます。

液体にぬらして上に置く。
コップ
立てかける。

2 涼しい気分でスイスイ実験
メダカの習性を探る

池や川などにいる身近な魚、メダカを飼ってみましょう。環境によるメダカの動きの変化など、メダカの習性を探ってみます。

方法 (1) 室内で、水そうの底の半分に白い紙を、残りの半分に色紙を置いて、紙の上のメダカの分布を見ます。
(2) 水そうの水を一定方向にかき回して水流を起こし、メダカの動きを観察します。
(3) 黒の油性サインペンでしま模様をかいた紙を、容器のまわりに当てて一定方向に動かし、メダカが泳ぐ向きを観察します。

参考 市販されているヒメダカ以外にも、野生のメダカやカダヤシでも実験できます。

← 容器の周囲の長さ＋α →
水の深さ

＋α
紙を動かす方向

3 豆乳飲料でできる！
簡単豆腐づくりの研究

豆腐は、ダイズをすりつぶしてつくった豆乳に、塩化マグネシウムなどをふくむ「にがり」という凝固剤を加え、固めたものです。豆乳飲料を使って、豆腐をつくってみましょう。

方法
(1) なべに豆乳を入れてかき混ぜながら加熱し、沸騰したら火を止めます。豆乳飲料は、大豆固形分を8％以上ふくむものを使いましょう。
(2) 温度が下がってきたら、かき混ぜながら豆乳の100分の1の量の「にがり」を少しずつ加えます。
(3) 40～90℃の間のさまざまな温度で実験を行い、固まりやすさのちがいを比べましょう。

結果
豆乳に「にがり」を加えると、ダイズにふくまれるタンパク質と「にがり」の成分が結びついて固まり、豆腐になります。タンパク質と「にがり」には、結びつきやすい温度があるため、温度を変えると固まり方が変わります。もっとも固まりやすい温度は70～80℃です。
にがりは海水から塩分を取ったあとに残るもので、塩化マグネシウムを多くふくんでいます。食塩には塩化マグネシウムがふくまれていないため、豆乳飲料に食塩を加えても固まることはありません。
また、レモン汁や食酢などの酸性のものを加えると、タンパク質の性質が変化して、固まりやすくなります。いろいろなものを加えて、固まり方のちがいも調べてみましょう。

豆乳飲料（大豆固形分8％以上）

にがり

耐熱の容器

いくつかの容器に豆乳を移し、にがりを加える温度を変えて試してみましょう。

4 紙の性質を探る！
紙ののび縮みの研究

本に水をこぼしたら、しわになってしまった。そんな経験はないですか？　これは紙が縮む割合が場所によってちがうためにおこります。紙の縮み方に規則性があるかを調べましょう。

方法
(1) 右の図のように、レポート用紙などを1cm×10cmの短ざく形に、縦方向と横方向の2通りに切り抜きます。
(2) それぞれの紙を一定時間水につけたあと、ガラスなどに張りつけて乾かします。完全に乾いたら、紙の大きさをはかります。紙の種類（新聞紙、半紙、障子紙など）をいろいろ変えて実験してみましょう。

参考
紙の縮み方（縮みぐあいや縮む方向）は、紙をつくっている繊維の方向と関係があります。紙をルーペで拡大して観察してみましょう。

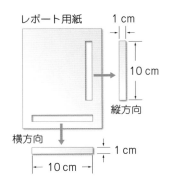

レポート用紙

1cm

10cm

縦方向

横方向

1cm

10cm

その他のテーマ集

5 pHが変化する植物？
セイロンベンケイソウの光合成

セイロンベンケイソウという植物は、夜の間に二酸化炭素を取りこみ、リンゴ酸というものに変えてたくわえます。そして、昼の間には気孔を閉じ、たくわえたリンゴ酸を再び二酸化炭素に変えて光合成を行います。リンゴ酸は水にとけると酸性になるため、夜の間に植物の中は酸性になり、光合成で夕方にリンゴ酸を使い切ってしまうと、ほぼ中性になります。このようなセイロンベンケイソウの性質を、実験で確かめてみましょう。

方法

(1) セイロンベンケイソウの3枚の葉を、小皿に入れた湿った脱脂綿の上に置き、昼間、日光に当てます。脱脂綿が乾かないように注意しましょう。

(2) 夕方、1枚の葉を半分に切り、半分でpHを調べ、半分はデンプンの有無を調べます。

(3) 残りの2枚の葉を小皿に入れた湿った脱脂綿の上に置き、夜の間、暗い場所に置いておきます。次の朝、2枚の葉のうち1枚を半分に切り、(2)と同じようにしてpHとデンプンの有無を調べます。

(4) 残りの1枚の葉を湿った脱脂綿の上に置き、昼間日光に当てます。

(5) 夕方、葉を半分に切り、(2)と同じようにしてpHとデンプンの有無を調べます。

デンプンの有無の調べ方

換気をする。

①葉を火にかけた熱湯で煮て、やわらかくなったら取り出します。

②なべの中に、エタノールを半分くらいまで入れた耐熱コップを入れ、コップに葉を入れます。エタノールはとても燃えやすいので、火の近くに置かず、必ず換気をしましょう。

③コップに小皿でふたをし、葉の緑色が抜けるまで、15～20分を目安に弱火で煮ます。エタノールやお湯がなくならないように気をつけ、少なくなったら足しましょう。

すりこぎにビニールをかぶせる。

④葉を取り出して水で洗い、水気をふきます。小さくちぎって容器に入れ、ビニールをかぶせたすりこぎで細かくつぶします。

⑤つぶした葉を丸め、重ねたキッチンペーパーの上に置いて、うがい薬を2倍にうすめた液を1滴たらします。

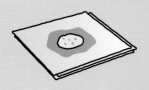

⑥つぶした葉を軽くもみながらキッチンペーパーに押しつけ、出てきた汁の色を観察します。デンプンがあると、出てきた汁の色が青紫色に変わります。

pHの調べ方

①葉を容器に入れ、ビニールをかぶせたすりこ
ぎで細かくつぶします。すりこぎにほかの葉
の汁などが染みこんでいると正しい結果が出
ません。

②出てきた汁にpH試験紙をつけ、pH試験紙
の色を比色表と比べます。試験紙は、酸性
専用のものを使います(インターネットで購
入できます)。

結果

	性質	デンプン
①1日目の夕方	弱い酸性(pH5.5)	あり
②2日目の朝	酸性(pH4.5)	なし
③2日目の夕方	弱い酸性(pH5.5)	あり

考察

夕方の葉(①)と次の日の朝の葉(②)を比べると、夜の間に葉のデンプンが使われてなくなり、葉がやや強い酸性に変わる(リンゴ酸ができる)ことがわかります。また、朝の葉(②)と日光に当てたあとの葉(③)の結果から、夜の間にリンゴ酸をたくわえた葉は、昼間にリンゴ酸を使って光合成を行ってデンプンをつくるため、再び弱い酸性になることがわかります。

このように、夜の間に二酸化炭素を取り入れておき、昼間には気孔を閉じて光合成を行うしくみは、水が少ない土地で昼間、蒸散によって水が失われるのを防ぐために、セイロンベンケイソウが身につけたしくみだと考えられています。

6 顕微鏡で気孔の観察
マニキュアでプレパラートをつくろう

顕微鏡を持っている人は、簡単にできるプレパラートづくりに挑戦してみませんか。植物の葉にマニキュアをぬって型をとり、気孔の観察をしましょう。

方法
(1) 葉に透明なマニキュアをうすくぬります。
(2) マニキュアが乾いたら、そこにセロハンテープをはってはがします。
(3) はがしたセロハンテープをスライドガラスにはり、顕微鏡で観察します。倍率は100～400倍がよいでしょう。

参考 いろいろな植物の葉を使い、一定の面積あたりの気孔の数を調べたり、ホテイアオイの気孔がどこにあるのかを調べてみたりするのもおもしろいですね。

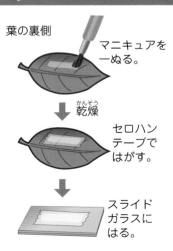

葉の裏側
マニキュアを
ぬる。

乾燥

セロハン
テープで
はがす。

スライド
ガラスに
はる。

風車　型紙

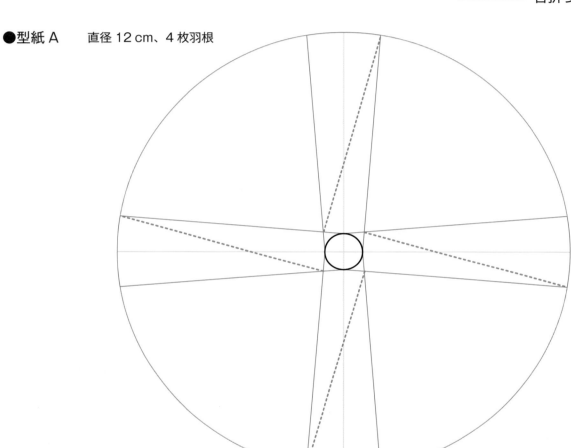

⇨ 使い方は 40 ～ 42 ページ

コピーをして、工作用紙などにはって使ってください。

――――――― 切り取り線

------------- 谷折り線

●型紙 A　　直径 12 cm、4 枚羽根

●型紙 B　　直径 12 cm、2 枚羽根

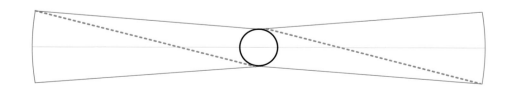

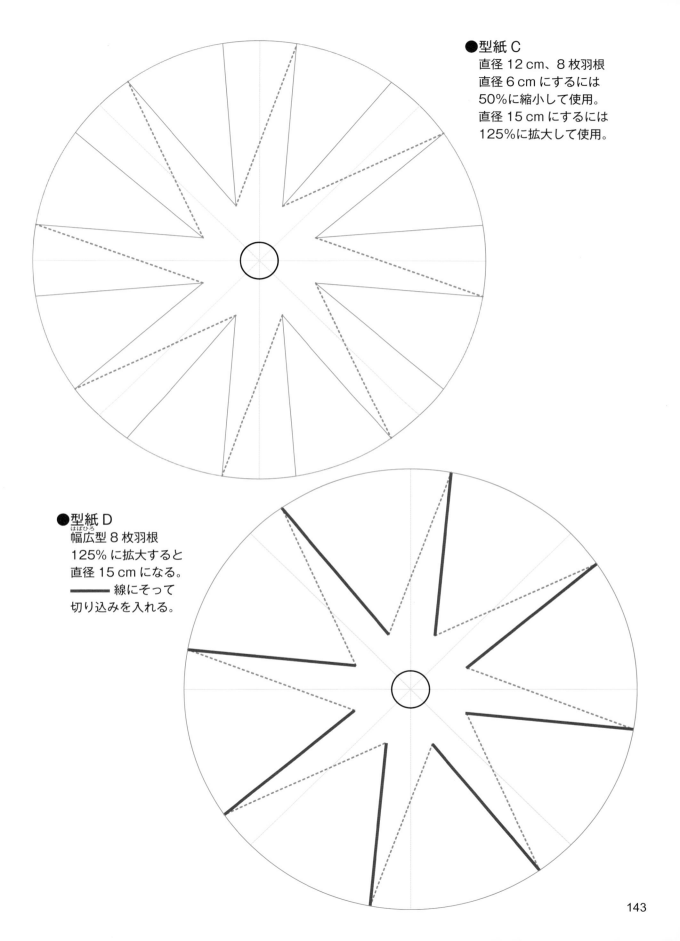

●型紙 C
直径 12 cm、8 枚羽根
直径 6 cm にするには
50％に縮小して使用。
直径 15 cm にするには
125％に拡大して使用。

●型紙 D
幅広型 8 枚羽根
125％ に拡大すると
直径 15 cm になる。
―― 線にそって
切り込みを入れる。

監修	尾嶋好美
編集協力	小島俊介、(有)きんずオフィス、須郷和恵、橋爪美紀
図版・イラスト	(有)青橙舎、(株)アート工房、(有)ケイデザイン、フジイイクコ
写真	無印：編集部、その他の出典は写真そばに記載
デザイン	装幀／FMTデザイン 辻中浩一＋村松亨修（ウフ）
DTP	(株)明昌堂 データ管理コード：23-2031-1234（2023）

この本は下記のように環境に配慮して製作しました。

・製版フィルムを使用しないCTP方式で印刷しました。
・環境に配慮した紙を使用しています。

中学生の理科　自由研究　差がつく編

①